推薦のことば

「この本を読んで21世紀を生き残れ」

夏野 剛
慶應義塾大学政策メディア研究科特別招聘教授

　プログラミングは難しくない。でもやってみようという機会を逃している親子は多い。なんだか難しそう、もしかしたら楽しいかもしれないけど何から始めたらいいかわからない。そういったプログラミング「食わず嫌い」の親子に勧める入門プログラミングビスケットの解説書。なぜ今プログラミングなのか、なぜ今ビスケットなのか、ビスケット開発者によって書かれたこの本を読めばすべてがわかる。この本を読んで21世紀を生き残れ。

「だれもが遊びながら　直感的にコンピュータと対話できる」

石戸 奈々子
NPO法人CANVAS理事長、慶應義塾大学准教授

　生活を便利で豊かに革新したコンピュータ。粘土のように自由に使いこなしたい！　それを可能にするのがビスケット。だれもが遊びながら直感的にコンピュータと対話できるプログラミング言語です。ビスケットは、好奇心を刺激し、想像力を爆発させ、創造力を拡張してくれます。コンピュータを使いこなす力。21世紀を生きる子どもたちに必須なその力を手に入れませんか？　未来を創る人になりませんか？

「小さい子だけでなく、いろいろな　人が楽しめるプログラミング」

谷 花音
『beポンキッキーズ』(BSフジ)レギュラー出演、ビスケット体験者

　初めてビスケットを体験したとき、とってもカンタンだなとびっくりしました。これなら、小さい子でもカンタンに楽しくできるプログラミングだなと思いました。でも、小さな子だけでなく、いろいろな人が楽しめるプログラミングなので、ぜひ皆さんもやってみてください！

「本書はビスケットで遊び、
　コンピュータ社会のこれからを考えていく、
　その楽しさを味わうことのできる最高の一冊」

松田 孝
小金井市立 前原小学校 校長

　プログラミング教育必修化——私が欲しかったビスケット本が、ついに出ました！　ビスケット（Viscuit）に取り組んでいる1年生の教室に入った瞬間、「校長先生！　見て、視て、観て！」。初めてビスケットに触れた子どもたちですが、メガネの差分が命令となるビスケットプログラムを体感的に理解して、思い思いの作品を楽しそうに創り上げています。
　ビスケットは最高のプログラミング入門言語です。学校の先生はぜひともこの本で、プログラミングの授業を行ってみてください。きっとそこでの子どもたちの姿に新しい「学び」を発見するでしょう。
　ビスケットは入門言語ですが、とっても奥の深い言語でもあります。本書「教えて！ ハカセ」に綴られた開発者原田氏のコンピュータに対する熱い思いが22のチュートリアルに込められています。メガネの数を増やし組み合わせを考えることで、子どもたちのみならず私たち大人もコンピテーショナルシンキングを豊かに育むことができます。小学校低学年だけでなく中・高学年、中学生そして私たち大人にもふさわしい言語だと思います。
　本書はビスケットで遊び、コンピュータ社会のこれからを考えていく、その楽しさを味わうことのできる最高の一冊です！

「さまざまなアーキテクチャーやパラダイム、
　その中のひとつだけマスターしても、
　世界は理解できない」

阿部 和広
青山学院大学客員教授、津田塾大学非常勤講師

　人工知能のパイオニア、マービン・ミンスキーがこんなことを言っている。「ふたつ以上の方法でやってみない限り、どんなことも本当に理解したとは言えない」
　しかし、世の中ではひとつのメジャーな方法にだけ注目が集まる。プログラミング教育も例外ではない。さまざまなアーキテクチャーやパラダイム、その中のひとつだけマスターしても、世界は理解できない。もちろん、ブロックだけでも、メガネだけでも足らないのだ。

推薦の
ことば

園児・小学生からはじめる プログラミング
ビスケットであそぼう

著 合同会社デジタルポケット
原田 康徳・渡辺 勇士・井上 愉可里

この本を手にとってくれた みなさんへ

みなさんこんにちは。ビスケットを作った、コンピュータのハカセ、原田です。みなさんは、コンピュータがいろいろなところに使われているのは知っていますか？ スマホやタブレット、ゲーム機はコンピュータです。家の中にあるいろんな電化製品にもコンピュータが入っているし、電車や自動車もコンピュータがとても重要です。

どの使われ方も、ぼくが子どものころにはほとんど世の中に無かったものですが、少しずつ進化して今のようにすごくなりました。でも、まだまだ不十分です。コンピュータの本当の力からすれば、もっともっとすごくなるはずです。みなさんが大人になるころにはどうなっているかは想像がつきません。

生き物はエサや水を与えれば、勝手に大きく育ちます。かわいい声で鳴いたり、きれいな花を咲かせたり。ところがコンピュータは人間が1つずつ作らないと育たないのです。今のコンピュータは全部、だれかが作ったものです。すごく小さな部分まで、勝手に育ったものは何一つありません。そして、未来のコンピュータがすごくなるといっても、これからだれかが作らなければすごくならないのです。

ぼくがビスケットを作った一番の理由は、みなさんにもコンピュータを育てることに協力してもらいたい、ということです。「コンピュータなんてだれか得意な人だけが作ってくれればいいの、自分にはムリ」なんていわないでくださいね。発想（考え方）は人間の数だけあります。そのいろんな発想でコンピュータを育てていってほしいのです。それは世界中を幸せにする大発明かもしれませんし、たった1人しか幸せにしないけれど、その人にとってはかけがえのない発明かもしれません。いらない発想というものはないのです。

この本には、ビスケットでのあそび方がたくさん書かれています。つい最近みつけたあそび方もあります。それを参考にみなさん自身がおもしろいあそび方を発明していってください。そのあそびはみなさんがこれからコンピュータを育てるための練習になります。いっぱいあそんだ人が、大人になっていろんな発明ができるようになるのです。

さあ、ビスケットのプログラミングでたっぷりあそんでみてください。

はじめに —— 保護者の方へ

　教育が大変むずかしい時代です。昔は自分が受けた教育をそのまま次の世代に伝えていけば済みました。ところが今は、世の中が急激に変化して、未来がどうなるのか見当もつきません。人工知能が今より高性能になると、ある種の仕事はコンピュータに置き換えられ、逆にコンピュータ化できないスキル（技能）を持った人の価値は上がっていきます。世の中に求められる人間の能力はどんどん変わっていくのです。そんな時代を乗り越えてもらうために、子ども達にはどのような教育が必要なのでしょうか。未来の予想がなかなかつかない段階では、とてもむずかしい問題です。

　ですが、コンピュータの専門家として確実にいえることがあります。それは、コンピュータとはどういうものであるかを知ってもらい、コンピュータを自分の味方にしてほしいということです。将来どのような仕事に就くとしても、コンピュータを知っていることは確実にプラスになります。世の中が変わる原因はコンピュータが作っているのですからね。

　反対に子ども達に対してやってはいけないことは、自分はコンピュータには向いていないと思わせてしまうことです。向いていない人なんていません。教え方やツールがダメなだけなんです。

　そう考えたときに、私はビスケットを作ろうと思いました。私が感じているコンピュータの可能性や楽しさを、みんなに知ってもらいたい。プログラムを自由に作ってあそべることを知ったときの万能感をみんなに味わってもらいたい。むずかしく面倒なことは表に出ないようにして、だれ一人、嫌いにならないでほしい。そして14年にわたる数多くの改良の結果、今では4歳のお子さんでも直感的に使いこなせるアプリに成長しました。

　ビスケットはカレーのルウに例えられます。カレーは正しくはスパイスから作るものです。ところが、ルウの発明によりだれでもかんたんに独自のカレーを作ることができるようになりました。

カレーは最初に習う料理の1つですが、ルウのおかげで料理のすばらしさを、だれでもほとんど失敗なく体験することができます。いくらルウがすごいからといっても、もちろんプロや趣味の料理でスパイスから作るカレーもなくなりはしません。ビスケットは、プログラミングの裾野を広げたということです。

　ビスケットは、覚えることが少ないのでかんたんに使えて、思った以上に奥深いことができるという、両立がむずかしい2つの特徴を備えています。かんたんでかつ本質的であるということです。

　ビスケットを使うと次のようなことが期待できます。コンピュータでプログラムを自由に作れることのすばらしさを短時間で知ることができます。思いついたことがあれば、すぐに試して動かし、自分が満足するまで何度でも改良ができます。他のプログラミング言語では覚えなければならないことがたくさんあって、これを実感できるまでに相当な時間がかかるでしょう。ビスケットだと圧倒的に短時間（2時間くらい）でここに到達できるので、途中で投げ出してしまう危険性も少なくなります。

　作っていく過程で、コンピュータがどのようなものかという直感が少しずつついていきます。他の言語ではコンピュータの本質に迫る以前に約束ごとが多すぎて、なかなかそうはいきません。ビスケットでは覚えることが少ないので、本質が見えて来やすいのです。

　コンピュータ以外のことへの興味も出てきます。コンピュータで何か新しい物を作るためには、コンピュータだけの知識では足りません。コンピュータで何かを作りたいという想いが、そのまま外部の物への興味を引き出すきっかけになるのです。

　なにより子どもたちにコンピュータは自分たちのものなんだということが伝えられれば、明るい未来を想像できるのではないでしょうか。

計算機科学者／ビスケット開発者
原田康徳

もくじ

- この本を手にとってくれたみなさんへ・・・・・・・・ 2
- はじめに ── 保護者の方へ ・・・・・・・・・・・ 3

0 ビスケットの使い方 ・・・・・・ 6

- 準備 ・・・・・・・・・・・・・・・・・・・・・ 6
- あそぶ場所の選び方 ・・・・・・・・・・・・・・ 7
- ビスケットの使い方・ボタンの説明 ・・・・・・・ 8
  - みんなでつくる ・・・・・・・・・・・・・・・ 8
  - ひとりでつくる ・・・・・・・・・・・・・・・ 10
- 本書の使い方 ・・・・・・・・・・・・・・・・・ 12

1 ビスケットランドであそぼう！ ・・・・・・・・・ 13

		テーマ	難易度	対象	
01	絵を描いて動かそう！	動きの命令	🐟	4歳以上	14
02	クラゲみたいにゆ〜らゆら	ランダムな動き	🐟	4歳以上	20
03	色いろいろキャンディ	色のアニメーション	🐟	4歳以上	24
04	ダンシング棒人間	動きのアニメーション	🐟🐟	6歳以上	30
05	歩いて見えるしゃくとり虫	動く場所と動かない場所	🐟🐟	6歳以上	34
06	くるくる回す	いろいろな回転	🐟🐟	6歳以上	38

2 いろいろな動きを作ろう ぶつかる編 ・・・・・・ 43

		テーマ	難易度	対象	
07	ロケットと星がぶつかったら	ぶつかると動きが変わる	🐟🐟🐟	8歳以上	44
08	花が咲く	ぶつかると絵が変わる	🐟🐟🐟	8歳以上	50
09	かぜの伝染	情報の拡散	🐟🐟🐟	8歳以上	54
10	じゃんけん	シミュレーション	🐟🐟🐟	8歳以上	60

ひとりでつくる

3 いろいろな動きを作ろう　かんたんゲーム編 ‥‥‥‥65

11 さわったら出てくる　テーマ さわると絵が増える　難易度 🐟　対象 6歳以上‥‥66
12 おそうじロボット　テーマ ぶつかると絵が減る　難易度 🐟🐟🐟　対象 8歳以上‥‥70
13 タマゴが割れたら?　テーマ さわると絵が変わる・増える　難易度 🐟🐟🐟　対象 8歳以上‥‥74
14 シューティングゲーム　テーマ 部品をさわって操作する　難易度 🐟🐟🐟　対象 8歳以上‥‥80

4 模様を作ろう ‥‥‥‥87

15 パタパタ模様　テーマ ならべ方で動かす　難易度 🐟🐟🐟　対象 8歳以上‥‥88
16 増えながら動く模様　テーマ 規則的に絵を増やす　難易度 🐟🐟🐟　対象 8歳以上‥‥94
17 ぶんしん模様でうめつくそう!　テーマ 重なると広がる　難易度 🐟🐟🐟🐟　対象 10歳以上‥102

5 音を鳴らそう ‥‥‥‥107

18 リズムマシーン　テーマ くり返して音を鳴らす　難易度 🐟　対象 6歳以上‥108
19 オリジナルけんばん楽器　テーマ タッチで音を鳴らす　難易度 🐟🐟🐟🐟　対象 10歳以上‥114
20 オルゴール　テーマ ぶつかって音を鳴らす　難易度 🐟🐟🐟🐟　対象 10歳以上‥118

6 落ちゲーを作ろう ‥‥‥‥123

21 ボールくずし　テーマ ボールをタッチで消すゲーム　難易度 🐟🐟🐟🐟　対象 10歳以上‥124
22 ボールくずしの得点計算　テーマ ゲームの点数を計算する　難易度 🐟🐟🐟🐟　対象 10歳以上‥130

この本を読んでくれたみなさんへ ‥‥‥‥‥‥ 136
おわりに —— 保護者の方へ ‥‥‥‥‥‥ 137
この本を書いた人たち ‥‥‥‥‥‥ 138

教えて！ハカセ コラム

親子向け
コンピュータはどうしてすごいの？ ‥‥‥‥ 29
プログラミング言語ってなんだ？ ‥‥‥‥ 49
ものと情報のちがい ‥‥‥‥ 59
ゲームのおもしろさの調整 ‥‥‥‥ 86
ビスケットとプログラミング❶ ‥‥‥‥ 113
ビスケットとプログラミング❷ ‥‥‥‥ 135

大人向け
ビスケットの内側の話 ‥‥‥‥ 64
プログラミング教育に関するよくある質問 FAQ ‥ 106

ひみつ コラム

メガネのひみつ ‥‥‥‥ 17
音のひみつ ‥‥‥‥ 112
方眼紙のひみつ ‥‥‥‥ 122

ビスケットの使い方

はじめに、ビスケットを使うための準備をしよう。ビスケットは、スマートフォンやタブレット、Mac／Windowsなどいろんなコンピュータで使えるよ。

注意 ビスケットのシステムは日々更新しているので、ビスケットのホームページ（http://www.viscuit.com）も見てみてね。

準備

📱 スマートフォン・タブレット

App Store や Google Play から「viscuit」で検索して、ビスケットをインストールしてね。

iPhone・iPad

Android（kindle版もあるよ）

💻 パソコン

ブラウザでビスケットのホームページ（http://www.viscuit.com）を開こう。ビスケットのページが表示されたら、下のアイコンをタップ（クリック）しよう。

ビスケットであそぶ

注意 パソコンでビスケットを使うときには、最新のFlashプレイヤーが必要です。ブラウザでビスケットを動かすために必要なので、必ずインストールしておいてください。

みんな、準備はできたかな？

ビスケットは
インターネットに
接続して使用して
ください。

※オフラインでは使用できません。

あそぶ場所の選び方

ビスケットの使い方

❶ モードを選ぶ

アイコンをタップ（クリック）するよ。

みんなでつくる　8ページ〜
ビスケット初心者用モード

ひとりでつくる　10ページ〜
ビスケット上級者用モード

❷ あそぶ場所を選ぶ

アイコンをタップ（クリック）すると、あそぶ場所が選べるよ。あそびたい色を選んでタップ（クリック）してね。

❸ あそぶ

あそぶ場所を選んだら、えんぴつボタン で作品を作ることができるよ。

✏️ … 作品を作る

🔲 … ビスケットランドを表示する

⬆️ … 過去の作品を見る

ビスケットの使い方・ボタンの説明

ここでは、ビスケットの画面やボタンのなまえ、使い方を説明するよ。
あそんでいて、わからないことがあったときに読んでみてね。

 みんなでつくる

初心者向けビスケット（モード）だよ。

制作画面

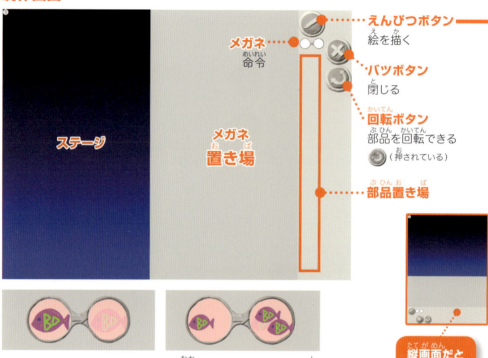

メガネがこわれると、まるの中がピンクになって知らせてくれるよ。

作品ができると、送るボタン が出て、ビスケットランドへ送る（保存する）ことができるよ。

iPhone

iPhoneで見るとボタンが大きく見えるよ。

お絵かき画面

制作画面で ⦿ を押すと出るよ。この画面で絵を描こう。

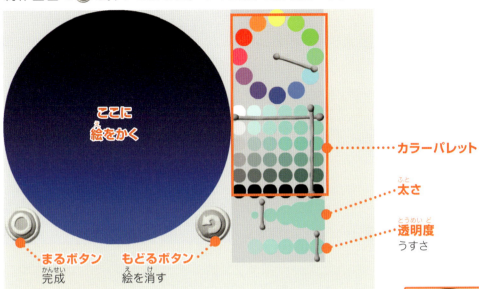

絵の修正

部品（絵）を長押しして出てくる「えんぴつ」を押すと絵が修正できるよ。

縦画面だとこうなる！

ビスケットランド

あそぶ場所ごとに、みんなが送った作品が集まるよ。

ビスケットランドの画面をタップ（クリック）するとボタンが出るよ。

ビスケットの使い方

ひとりでつくる

上級者向けのビスケット（モード）。絵が増えたり減ったりできて、いろいろな設定を変更できるよ。

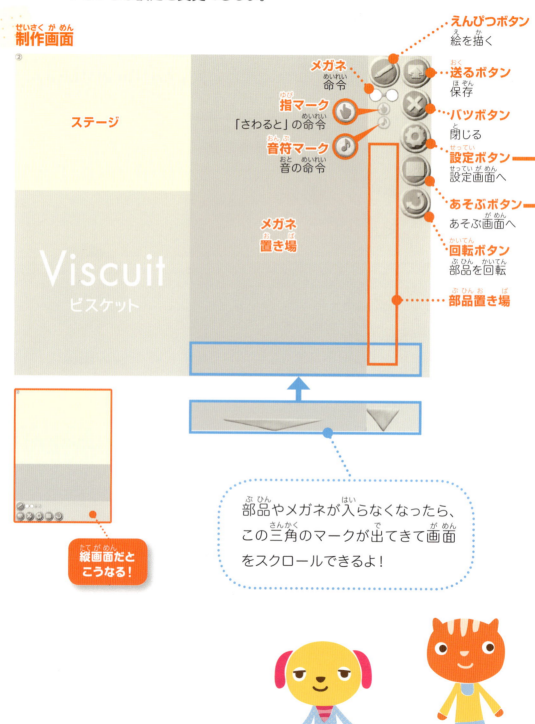

制作画面

- ステージ
- メガネ 命令
- 指マーク 「さわると」の命令
- 音符マーク 音の命令
- メガネ置き場
- えんぴつボタン 絵を描く
- 送るボタン 保存
- バツボタン 閉じる
- 設定ボタン 設定画面へ
- あそぶボタン あそぶ画面へ
- 回転ボタン 部品を回転
- 部品置き場

縦画面だとこうなる！

部品やメガネが入らなくなったら、この三角のマークが出てきて画面をスクロールできるよ！

ビスケットの使い方

設定画面

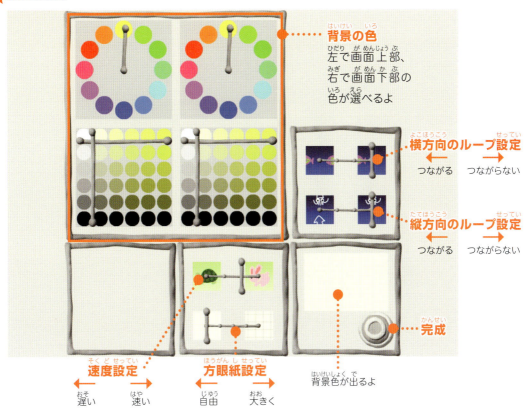

- **背景の色** — 左で画面上部、右で画面下部の色が選べるよ
- **横方向のループ設定** → つながる つながらない
- **縦方向のループ設定** → つながる つながらない
- **速度設定** ← 遅い はやい速い
- **方眼紙設定** ← 自由 大きく
- **完成** — 背景色が出るよ

あそぶ画面

- やりなおし
- 制作画面にもどる

11

本書の使い方

この本のあそびで使うモード

みんなでつくるで作ってみよう
1. ビスケットランドであそぼう！
2. いろいろな動きを作ろう - ぶつかる編 -

ひとりでつくるで作ってみよう
3. いろいろな動きを作ろう - かんたんゲーム編 -
4. 模様を作ろう
5. 音を鳴らそう
6. 落ちゲーを作ろう

この本で紹介するあそびは、上のモードで作っているよ。3章以降のあそびを作るときには、**ひとりでつくる**（ビスケット上級者用モード）を使ってね。

難易度と対象

難易度と対象は目安なので、できそうだったらどんどんプログラムを作ってみよう。字の読めない未就学児は保護者といっしょにどうぞ！

もし作り方がわからなければ・・・

http://develop.viscuit.com/book/asobou/
を見てみよう。この本の各ページに対応する制作動画や「ためしてみよう！」の答えなどを見ることができるよ。

ビスケットランドで
あそぼう！

絵を描いてメガネで絵を動かそう。メガネの工夫しだいでおもしろい動きがいろいろとできるよ。気に入った動きができたら、「ビスケットランド」に送ってみよう。みんなの作品が集まって1つの画面で見ることができるよ。

みんなで
つくる

- **01** 絵を描いて動かそう！
- **02** クラゲみたいにゆ〜らゆら
- **03** 色いろいろキャンディ
- **04** ダンシング棒人間
- **05** 歩いて見えるしゃくとり虫
- **06** くるくる回す

01

難易度 🐟🐟🐟
対　象　4歳以上
モード　みんなでつくる

絵を描いて動かそう！

テーマ●動きの命令

こんなかんじ

自分の描いた絵が動いたらステキだと思わない？ ビスケットは自分で絵を描いて、その絵をならべるだけでコンピュータに命令ができちゃうプログラミング言語なんだ！さあ、絵を描いて動かしてみよう！

海で泳ぐ生きものを描くのじゃ！

14

1 ビスケットランドであそぼう！

保護者の方へ お子さんの初めてのプログラミング体験はとても大切です。ビスケットでは、自分で描いた絵でプログラムを作り、自分で描いた絵を動かします。コンピュータが勝手に絵を動かしているのではなく、自分で命令をしたから動くのです。そして最後にビスケットランドで、ビスケットであそんでいる他のお友だちと一緒に海の世界に自分の絵を泳がせてみましょう。絵を描くのが苦手なお子さんでも（最初は手助けしてもかまいませんが）、できるだけ自分で描くように促してください。この先、何度も描いているうちに、自信を持って描けるようになります。

えんぴつ ◯ を押して絵を描くよ。

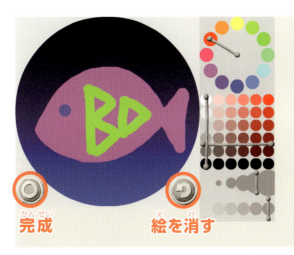

海の世界を作るので魚の絵を描こう。できたら、まる ◯ を押そう。

お絵描き画面の ● に絵を描こう。右側のパレットで色や太さ、うすさが変えられるよ！いろいろためしてみよう

※詳しくは9ページを見てね

魚じゃなくてもいいよ！
自由に海にいるものを描いてね

描いた魚が出てきたね。

わー！
魚が出てきた！

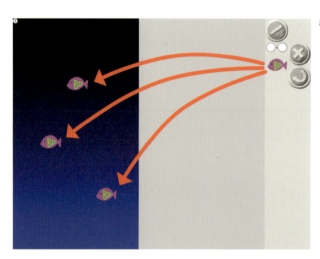

魚を青い海（ステージ）に
3つ入れよう！

メガネ◯◯をメガネ置き場に
1つ出して。

わくわく

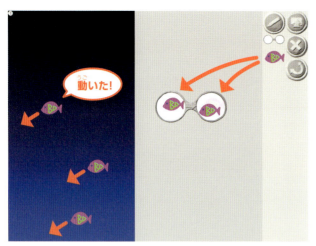

メガネの2つのまるの左に魚を入れ、右にも魚を入れると、ステージの魚が動きだすよ！

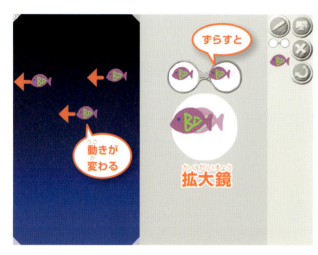

メガネの右に入れた魚をずらすとステージの魚の動きが変わるよ。どんな動きになったかな？
メガネの上でちょっと指を止めると、メガネの拡大鏡が出てくるよ。

メガネのひみつ

メガネの左が元の絵で、右が後の絵だよ。メガネの右側では元の絵がうすく見える。
メガネは「元の絵を後の絵に変えてね」という命令なんだ。だから、色がうすい絵から色がこい絵のほうに、ずれている方向へ動くんだよ。

ためしてみよう！

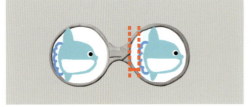

横に動く ゆっくり　少しずらす

上に動く　上にずらす

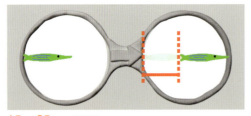

横に動く 速く　たくさんずらす

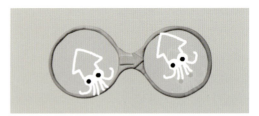

ななめ上に動く　ななめにずらす

どうしてうごかないの？

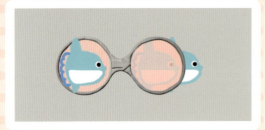

✗ メガネの下に絵がある
絵はメガネの上から入れよう。

✗ 1つのメガネに絵が2つ入っている
絵を動かすには、1つの絵にメガネが1つずつ必要なんだ。

メガネがこわれると、ピンク色になって教えてくれるよ

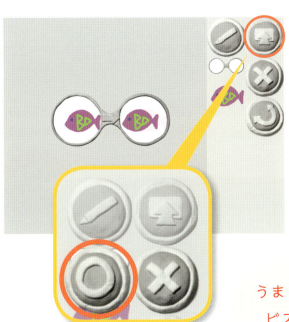

いい作品ができたら、送るボタン を押して、まる を押そう。作品がビスケットランドに送られるよ。

うまく絵を動かせたら
ビスケットランドに
送ってみてね！

ビスケットランドにはほかのお友だちの作品と自分の送った絵がいっしょに出てくるよ。自分の作品が見つけられたかな？　いろいろな海の生きものの動きを作ってみよう！

1 ビスケットランドであそぼう！

19

02 クラゲみたいにゆ〜らゆら

テーマ●ランダムな動き

こんなかんじ

みんなはクラゲって見たことがあるかな？
クラゲって海でゆらゆらしてるでしょ？
上がったり下がったり、どうすればそんな動きができるかな？

ゆ〜らゆ〜ら動く
クラゲを描いてみよう！

20

1 ビスケットランドであそぼう！

> **保護者の方へ** ここでは少し複雑な動きを覚えます。ビスケットのおもしろさは、メガネを1つ増やすごとに少しずつ動きが複雑になっていくことと、メガネを調整することで動きが少しずつ変化する点です。これらはお子さんの工夫が活きるところです。どうしてこんな動きをさせたのか、お話を聞いてあげてください。きっと、すてきな物語が聞けると思いますよ。

えんぴつ ◎ を押して、クラゲの絵を描いたよ。透明な色を使うとクラゲっぽくなるね。できたら、まる ◎ を押してね。

うすさを上手に使うと、光るものも描けちゃうよ

クラゲって体がすけていて、向こう側が見えてきれいだよね。ビスケットでは透明度を変えてうすく、すけた色を作れるよ！

クラゲを3匹ステージに置いて、メガネ ◯◯ をメガネ置き場に出すよ。

メガネにクラゲを入れるとクラゲが泳ぎだすよ。でもメガネが1つだと、まっすぐにしか動かないね。

クラゲをゆらゆらさせるにはメガネを2つ使うよ。1つは上に動くメガネ、もう1つは下に動くメガネ。これでクラゲは、上に行ったり下に行ったりするんだ。
3匹のクラゲはバラバラに動くよ。

わー！
ゆらゆらしたね

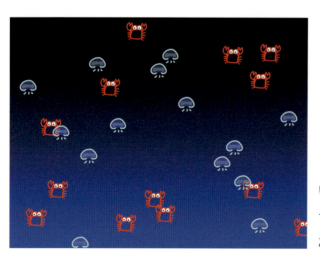

いい作品ができたら、ビスケットランドに送ってみよう！
おもしろい動きを発見してね！

ためしてみよう！

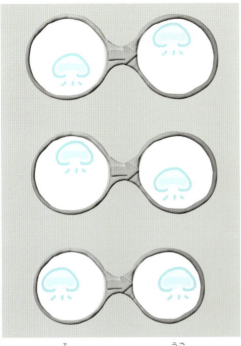

メガネを増やしたらどんな動きになるかな？

動くメガネと止まるメガネ（右と左で絵をぴったり重ねる）で、どんなふうに動くかな？

同じ絵にいくつもメガネを作って命令すると、「〜たり」という意味になるのじゃ。
「上に行ったり下に行ったり」「動いたり止まったり」「ゆっくり動いたり速く動いたり」ということじゃよ

1 ビスケットランドであそぼう！

03 色いろいろキャンディ

難易度 🍬
対象 4歳以上
モード みんなでつくる

テーマ ● 色のアニメーション

こんなかんじ

色が変わるアニメーションを作ってみよう！メガネを増やすことで、どんどん複雑なアニメーションになっていくよ。

いろんな色に変わる
キャンディ！
おいしそうだね

1 ビスケットランドであそぼう！

> **保護者の方へ** ビスケットはかんたんなプログラミング言語のようで、実は意地悪な面もあります。キャンディの色がチカチカ変わるという他のプログラミング言語でかんたんにできてしまうようなことでも、メガネを組み合わせて作らなければなりません。絵が3つ4つと増えるともっとむずかしくなり、絵の変わる順番をまちがうとすぐに動かなくなります。コンピュータはプログラムの通りに動くけれども、プログラムの通りにしか動かない。プログラムが1箇所まちがうだけで止まってしまう脆いものなのです。

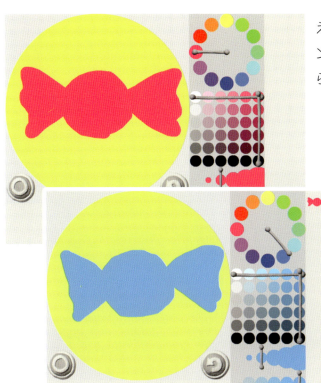

えんぴつ ◎ を押して、赤いキャンディの絵を描いたよ。できたら、まる ◎ を押そう。

また、えんぴつ ◎ を押して、今度は青いキャンディの絵を描くよ。できたら、まる ◎ 。

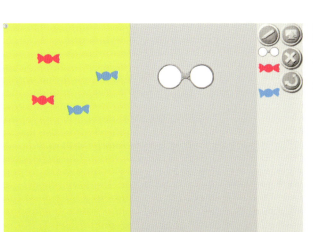

赤と青の2種類のキャンディをステージに置いて、メガネ ◯◯ をメガネ置き場に出すよ。

25

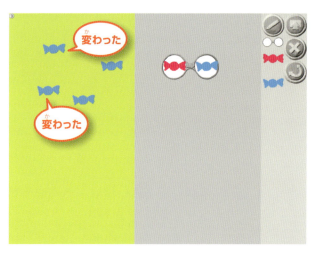

メガネの左に赤いキャンディ、右に青いキャンディを入れると、「赤いキャンディは青いキャンディに変わる」という命令になるんだ。ステージの赤いキャンディは全部青くなったね。

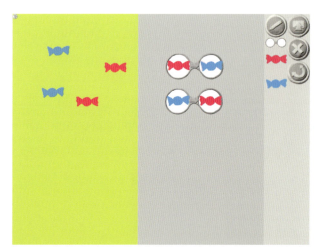

もう1つ、左に青いキャンディ、右に赤いキャンディを入れたメガネを作ろう。キャンディの色が赤→青、青→赤と変わり続けるよ。

ずっとチカチカしてる！

メガネは「左の絵から右の絵に変える」という命令じゃ。
これまでは、メガネの左と右に同じ絵を入れていたから動くだけだったんじゃ。
ちがう絵を入れると、絵を変えることができるんじゃぞ

どうしてうごかないの？

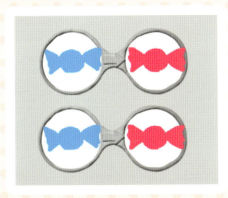

✗ チカチカしない

赤から青の
メガネがないね

ビスケットランドであそぼう！ 1

ためしてみよう！

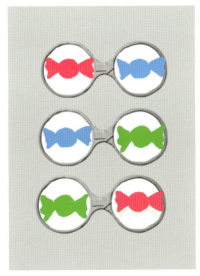

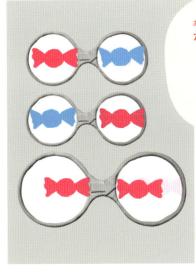

赤いキャンディは
チカチカしたり
動いたりするよ

緑のキャンディも描いて、色が順番に変わるようにメガネを作ろう。

「ときどき動く」というメガネを作ったら、どんな動きをするかな？

27

どうしてうごかないの？

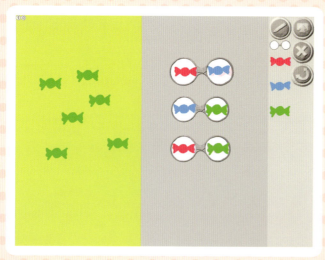

✖ 緑で止まっちゃった

緑からはじまる
メガネがないよ

✖ 赤が出てこない

赤で終わるメガネが
ないからだね

教えて！ハカセ
コンピュータはどうしてすごいの？

　身の回りにはたくさんのコンピュータが使われています。テレビや冷蔵庫といった家電やテレビゲーム機、スマホ、電気自動車、自動販売機、駅の改札機などなど。これらのコンピュータはプログラムで動いています。そのプログラムは文字（英語、数字、記号）で書かれています。ビスケットの絵だけのプログラムとはまったくちがうもののように見えますが、1つだけ同じことがあります。それはかんたんな命令（メガネ）を組み合わせて複雑な動きを作り出しているということです。

　ビスケットのメガネ1つずつは、魚は左に進む、赤いキャンディが緑に変わるといった、単純なことしかできません。ところがメガネを2つ、3つと増やしていくと少しずつ複雑なことができるようになっていきます。この本の最後のほうにはメガネを20個くらい使った例が出てきますし、ぼくはビスケットでメガネを200個も使ったけっこう複雑なプログラムを作ったことがあります。

　文字で作られるプログラムでも同じように1つ1つの命令は単純なことしかできません。2つの数を足したり引いたり、どちらが大きいか比べたり、数を覚えたり、覚えた数を取り出したり。そういった単純なことを本当にたくさん組み合わせて複雑なことをさせています。多いものは命令を何万個、何百万個と組み合わせています。

　コンピュータには最初からすごい動きが入っているわけではないのです。コンピュータがすごいのは何万個もの命令を組み合わせているからです。単純なことしかできないコンピュータが賢く見えるのは、コンピュータが命令を実行するのがとても速く、何万個もの命令が一瞬で終わってしまうからです。

　ビスケットでたくさんのメガネのプログラムを作るコツを教えましょう。まず、最初は単純に動くものを作って、それがきちんと動くことを確認しましょう。途中で変な動きをしたら、すぐにもどって考えてみましょう。メガネを一気に増やすと、どこをまちがったかがわからなくなるので、1つずつ慎重に増やして確認します。そうやって1つずつメガネを増やしていくと、だれでもすごいものが作れるようになりますよ。

04 ダンシング棒人間

難易度
対象 6歳以上
モード みんなでつくる

テーマ●動きのアニメーション

こんなかんじ

丸と線でできた"棒人間"って知ってるかな？ダンスをする、棒人間を作ってみよう！手や足を上げたり下げたりした棒人間を描いて、メガネをたくさん使って、好きなようにおどらせてみてね。

手足を動かして
ダンスさせよう！

| 保護者の方へ | ここで作るプログラムの論理的構造は「03 色いろいろキャンディ」の絵が変わるというのとまったく同じです。ところが、同じ線で描いた少しポーズのちがう絵を使うだけで、見え方がぜんぜんちがってきます。これは、プログラミングを支えているのは論理的思考力だけではない、という1つの例になっています。コンピュータを表現ツールとして自在に使うすばらしさをぜひ味わってください。

1 ビスケットランドであそぼう！

棒人間を描こう。色は何色でもいいよ。

もう1人、棒人間を描くよ。そのときに、右上のさっき描いた棒人間をタッチ（クリック）すると…

下絵が出てくるよ。右上には、下絵で使ったペンと同じ色、同じ太さの●が出てきて、●をタッチ（クリック）すると、同じペンで絵が描けるよ。

31

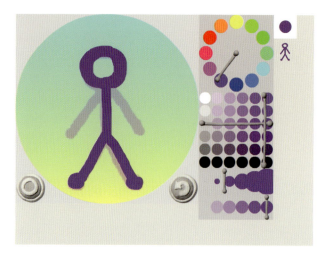

頭と体と足はしっかりなぞって…

手をバンザイしている棒人間にしよう。

どうしてうごかないの？

✗ おどっているように見えない

下絵と太さがちがう

下絵と色がちがう

色や太さが変わると変身しちゃうね。同じものに見えるには、2つの絵を、同じ色と太さで描くことが大切なんだ

1 ビスケットランドであそぼう！

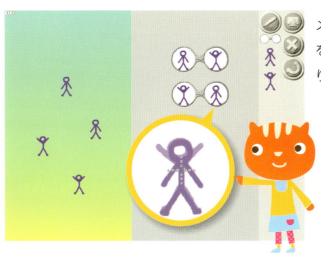

メガネを2つ使ってぴったりと絵を重ねて、手を上げたり下げたりさせよう。

ぴたりと重ねると絵の まん中に ✢ が出てくるよ。 しばらくじっとしていると ✢ がチカチカして まん中に置けるよ

お気に入りのダンスができたら、ビスケットランドに送ろう。ビスケットランドがダンス会場になるね！

ためしてみよう！

メガネの左右に同じ絵を入れると、ときどき止まるよ。

ほかのポーズも描いてみよう。上の4つの絵だと、どんなダンスになるかな？

05 歩いて見えるしゃくとり虫

テーマ●動く場所と動かない場所

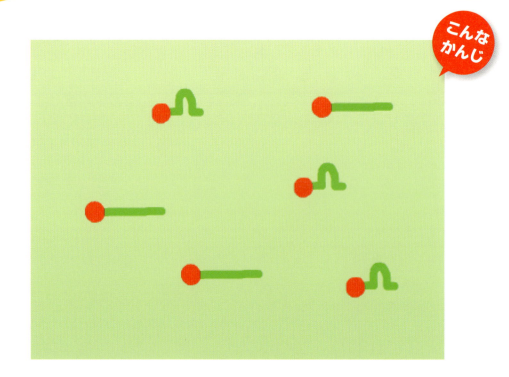

こんなかんじ

みんなは、しゃくとり虫って見たことがある？「のびて・ちぢんで」をくり返して前に進む虫だね。しゃくとり虫を生きているみたいに動かしてみよう。

メガネの使い方しだいで上手に動いて見えるようにできるんだ。そのひみつを教えちゃうよ！

> **保護者の方へ** 生き物などの動きをプログラムで再現することを、筆者らは「動きのデッサン」と呼んでいます。動きをよく観察し、動き方の性質（ずれて動く部分・動かない部分）を見つけ、それをプログラムで表現します。観察で見つけた性質が、正確であるほど、作られたアニメーションが対象の動きに近くなっていくはずです。動物園や水族館での観察とセットであそぶのをおすすめします。

1 ビスケットランドであそぼう！

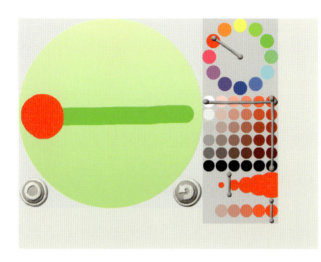

体がのびているしゃくとり虫を描くよ。なるべくながーく描こう。

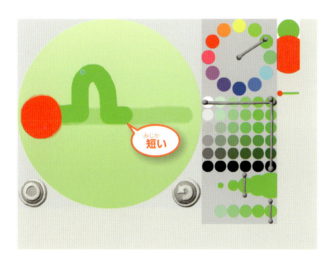

今度は体がちぢんでいるしゃくとり虫を描くよ。のびた虫より短く描くのがポイントだよ。

✗ よくあるまちがい

✗ **進んでいるように見えない**
ちぢんでいるのに同じ長さで体を描いている

35

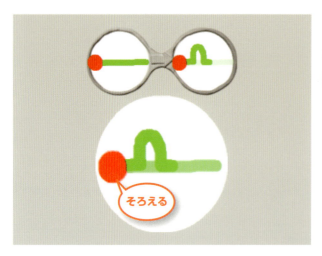

「のびた虫がちぢむ」というメガネを作ろう。頭の場所をぴったりにそろえるよ。

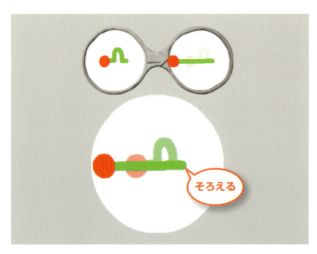

今度は「ちぢんだ虫がのびる」というメガネを作ろう。体のさきっぽの場所をぴったりにそろえるよ。

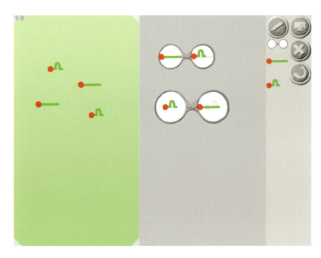

これでしゃくとり虫ができたよ！上手に動かせたかな？

ためしてみよう！

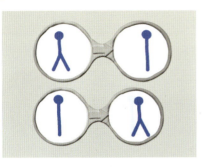

棒人間を歩かせてみよう

地面についているほうの足が動かないようにするのがコツだよ。

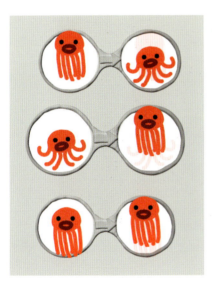

タコを泳がせてみよう

開いたり閉じたりで上下させるだけじゃなくて、足が閉じたときに閉じたまま進むというメガネを追加してみよう。ときどきスーッと泳ぐよ。

ハカセの解説

メガネは絵が変わるだけじゃなくて、変わるときに絵をずらすこともできるのじゃ。生きているしゃくとり虫の動きをよく見てみて（観察して）ほしい。体がちぢむときには頭が地面にくっついていて動かない。反対に、体がのびるときには体のさきっぽが地面にくっついて動かないことがわかるじゃろう。このように、メガネでどこが動いて、どこが動かないかをよく考えて作ることが、いい動きを作るコツなんじゃ。

06

難易度
対　象　6歳以上
モード　みんなでつくる

くるくる回す

テーマ ● いろいろな回転

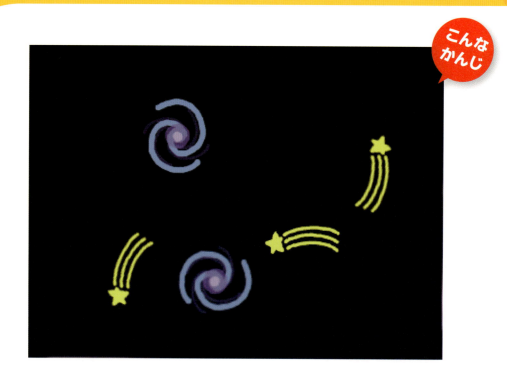

こんなかんじ

絵をくるくる回しちゃうよ。その場所で回転しているものや、大きくまわって動くものなど、いろいろな回転を作ってみよう。

さあ何を回す？
流れ星、ぐるぐる回る
うずまき星雲など、
いろんなものが作れるよ！

> **保護者の方へ**　メガネの中の絵を斜めにするだけで、絵が回転して動くようになります。斜めの向きや傾きで、回転の方向や回転の速さも変えられます。この計算を完璧に理解するには三角関数や座標の回転変換といった高校で習う数学が必要ですが、逆に小学生のうちからビスケットであそんでいれば、高校の数学の時間がとても楽しいものになるでしょうね。

1 ビスケットランドであそぼう！

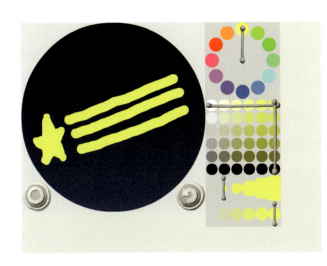

流れ星を描こう。星だけじゃなくて、長くてまっすぐのしっぽも描いてね。

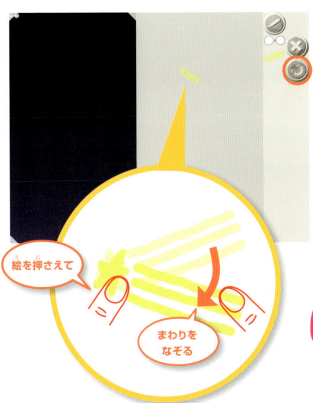

描いた絵の向きを変えてみよう。⬤を押すと、へこんで⬤（回転モード）になるよ。⬤になったら、1本の指で絵を押さえて、もう1本の指で絵のまわりをなぞると、絵の向きが変わるよ。

ヒント

パソコンの場合は、[Shift]キーを押しながらマウスを横に動かしてね。

絵を押さえて

まわりをなぞる

回った！

39

流れ星がまっすぐ進むメガネを作ろう。

しっぽを合わせて進むようにするのがポイント！

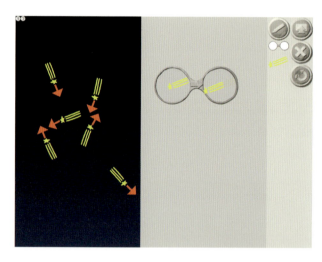

ステージにいろんな方向の流れ星を置くと、いろんな方向に飛んでいくよ。

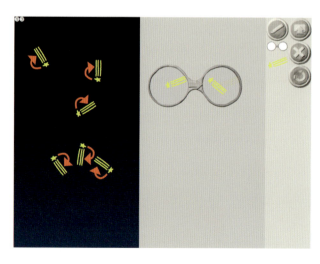

メガネの中の星の向きを変えると、星がくるくる回り出すよ。

今度はうずまきのような星雲を描いてみよう。

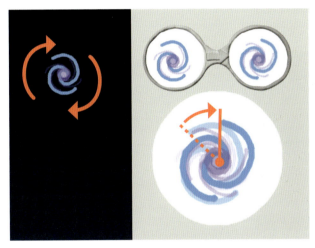

星雲の真ん中を合わせてメガネに置いて、少し絵の向きをずらしてみよう。星雲がその場でまわり出すよ。

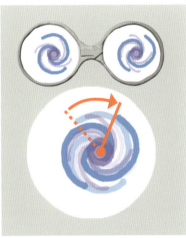

絵のかたむきによって回転の速さが変わるよ。左はゆっくり回転。右は速く回転。かたむきが大きいほど速くなるよ。

ためしてみよう！

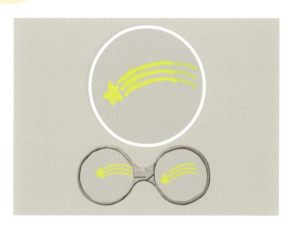

きれいに回そう
しっぽが曲がった流れ星を描いて、しっぽにそって回転させてずらすと、きれいに回るよ。

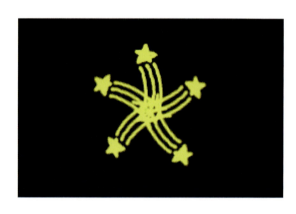

絵をならべてみよう
ステージに同じ絵をきれいにならべてみよう。模様のようになるよ。

どんな模様になるかなあ

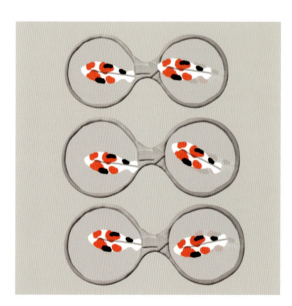

コイを泳がせてみよう
まっすぐ泳ぐ、右に曲がる、左に曲がる、という3つのメガネを作ろう。3つとも同じくらいの速さで泳ぐようにするのがコツだよ。

いろいろな動きを作ろう ぶつかる編

「2つの絵がぶつかったときに○○する」メガネを作ろう。ビスケットでできることがぐっと増えるよ。コンピュータのことがちょっと詳しくなるあそびもあるよ。

 みんなでつくる

- 07 ロケットと星がぶつかったら
- 08 花が咲く
- 09 かぜの伝染
- 10 じゃんけん

07 ロケットと星がぶつかったら

テーマ ● ぶつかると動きが変わる

こんなかんじ

たいへんだ！ ロケットを飛ばしたら、星にぶつかりそうになったよ。星をよけて飛ぶようにロケットに命令をしなきゃ。どうすればいい？

ロケットと星がぶつからないように命令してみよう！

44

> **保護者の方へ** メガネの片側に絵を2つ以上入れると「条件判定」を表現できます。ステージ上の絵のならび方が大体同じになったときに、そのメガネが有効になります。ただし、ぴったり同じならび方にはなりにくいので、ならび方の判定を曖昧にしました。プログラミング言語の実行の仕組みに曖昧性を導入したのは、ビスケットが世界で初めてです。この曖昧な計算のおかげで、いつまで見ていても飽きない楽しい動きを作り出すことができるのです。

2 いろいろな動きを作ろう ぶつかる編

お星さまを描いてね。

ロケットも描くよ。

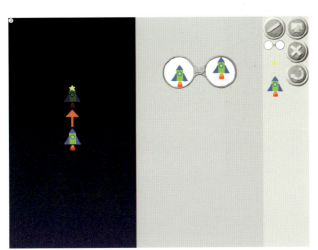

ロケットをステージに置いて、「ロケットが上に進む」メガネを作ろう。ロケットが進んだときに、ぶつかりそうな場所に星を置くよ。

45

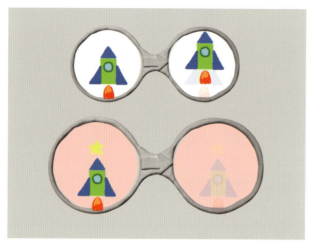

2つ目のメガネで、左側にはロケットと星がぶつかるように置くよ。これで「ロケットと星がぶつかったら」という意味になるよ。

メガネの同じまるの中に、絵を2つ入れるんだね！

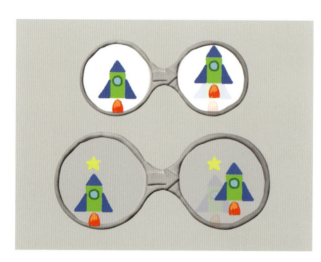

右側には、星は動かないように左側と同じ場所に置いて、ロケットは星をよけるように置くよ。

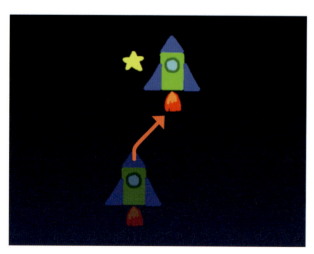

どう？ ロケットが進んで星をよけたかな？

よけた！

うまくよけられなかったら、星を小さく描いてみよう

ためしてみよう！

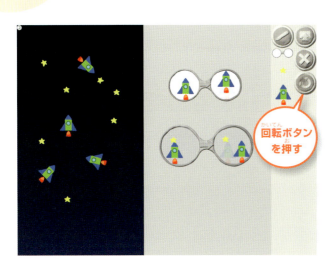

ステージにロケットや星を たくさん入れてみよう

ロケットや星の向きを変えて入れてもおもしろいよ。

回転ボタンを押す

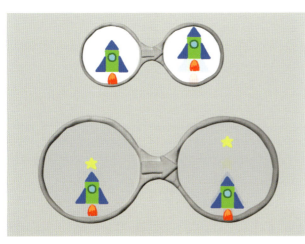

メガネの右側で 星やロケットの位置を 変えてみよう

星を前に飛ばして、ロケットは少し下がるよ。

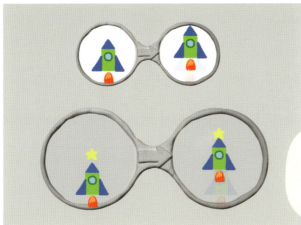

星とロケットがいっしょに進むよ。

星をツンツンしたり、押すように飛んだりしてるね

2 いろいろな動きを作ろう ぶつかる編

ためしてみよう！

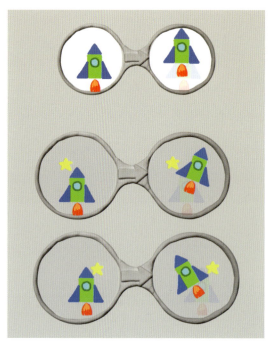

星のぶつかり方を変えてみよう

星の右側にロケットがぶつかると、右によける。星の左側にロケットがぶつかると、左によける。

メガネに絵を２つずつ入れると、そのならび方で動きを作れるのじゃ。これで絵がぶつかったり絵が近づいたりするときに動くメガネになるのう。いっきにプログラミングっぽくなったじゃろ

教えて！ハカセ
プログラミング言語ってなんだ？

　コンピュータは単純な命令を組み合わせることで動いている、といいました。たとえば、2つの数のどちらが大きいかを調べる命令はありますが、10個の数から一番大きなものを見つけるという命令はありません。2つの数を順番に比べて、一番大きな数はどれかを探さなければなりません。人間だと一番大きな数はかんたんに見つけることができるのに、コンピュータにとっては教えてもらわないとできない仕事なのです。

　コンピュータにやらせたいことがあったときに（一番大きな数を探す）、それを自分が知っている単純な命令（2つの数の大きさを比べる）をどのように組み合わせれば、やらせたいことができるのか。それを考えるのがプログラミングで一番むずかしく、まちがえやすいところでもあります。どうやったらそれをかんたんにまちがえにくくできるのか。

　そこで、人間がプログラムを直接作るのではなく、コンピュータにプログラムを作ってもらう方法が発明されました。何度もいろんなプログラムを作っていると、そこに決まり切ったパターンが見えてきます。そのパターンを大きなかたまりにして命令すると、コンピュータが直接理解できる小さな命令に自動的に分解して実行します。これがプログラミング言語です。昔はこれを「自動プログラミング」と呼んだりしていました。

　もともとのコンピュータは本当に単純な命令しか実行できませんが、プログラミング言語を1つ発明することで、少し高度な命令がわかるようになります。高度な命令を組み合わせてプログラムを作るとプログラムがかんたんになり、まちがいも少なくなります。なにより決まり切ったパターンのプログラムを書かなくてすみます。

　ビスケットのメガネは単純なことしかできないといいましたが、それでも、もともとのコンピュータからするとかなり複雑なことをやっています。その複雑なことを、ビスケットというプログラミング言語の発明でかくしているということです。

　プログラミング言語を発明すると、プログラミングはどんどんかんたんになっていくんですよ。

08

花が咲く

テーマ●ぶつかると絵が変わる

難易度 🍬🍬🍬
対象 8歳以上
モード みんなでつくる

こんなかんじ

花は、種から芽が出て花が咲くね。でも、花は自分だけの力で花を咲かせるのではなくて、いろんなものの力を借りて花を咲かせてるんだよ。「ぶつかったら」の命令を使って、種から花を咲かせてみよう。

お花はどうやって大きくなるのかな？

> **保護者の方へ** ビスケットは、他のプログラミング言語とちがい、覚えなければならないことがとても少ないのが特長です。音楽がたった7つの音「ドレミファソラシ」だけでとてもたくさんの曲が表現できるように、ビスケットもメガネの組み合わせのアイディア次第でいろいろなことが表現できます。ここでは新しく覚えることは何もなく、ここまでに学んだことを組み合わせて新しいものを作っています。組み合わせの魅力を知るということは、コンピュータの大きな可能性に触れることにもなるでしょう。

2 いろいろな動きを作ろう ぶつかる編

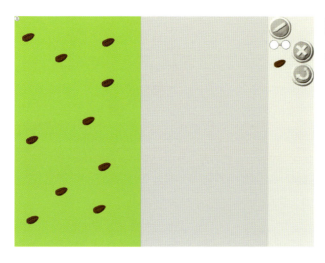

種の絵を描いて、種をはらっぱにたくさんまいてね。

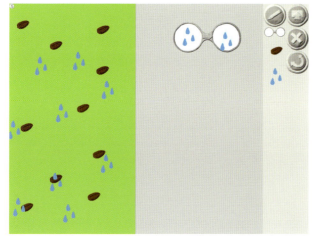

雨の絵を描いて、雨を降らせよう。

種に雨があたったらどうなるんだろう？

種から芽が出やすくなるかも？

51

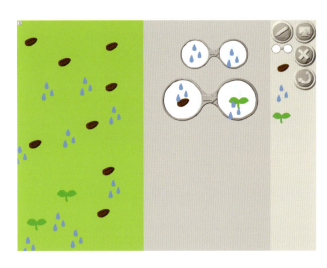

芽の絵を描いて、「種に雨があたると、芽が出る」メガネを作ろう。

メガネがピンクになってるね

✕ よくあるまちがい

✕ メガネの右側に雨が入っていない

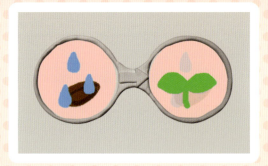

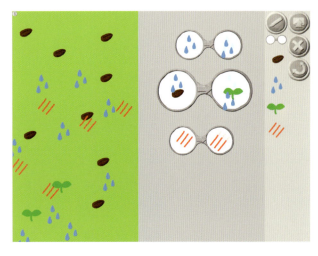

おひさまが降り注いでいる絵を描いて、おひさまの光をたくさん降らせよう。

ななめに動かすと、おひさまの光っぽいね

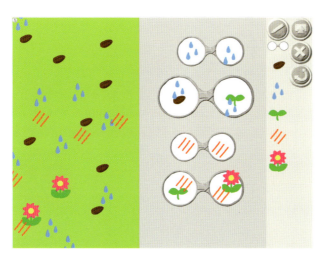

お花の絵を描いて、「芽におひさまの光があたると花が咲く」というメガネを作ろう。

おひさまの光も
メガネの両方に
入れるのじゃ

ミツバチの絵を描いて、たくさんはらっぱに置いてゆらゆら飛ばそう。

最後は、ミツバチが花にあたると種になる、というメガネだよ。

はらっぱに花が
咲いたかな？ いろんな
種をまいてみてね！

2 いろいろな動きを作ろう ぶつかる編

53

09 かぜの伝染

テーマ● 情報の拡散

難易度 🍬🍬🍬
対象 8歳以上
モード みんなでつくる

こんなかんじ

人がたくさんいる中に、かぜをひいた人が1人だけいるとどうなるか考えてみよう。ビスケットで作ってみるとわかるかも！

どうなるかな？
さあ、いっしょに
ためしてみよう！

2 いろいろな動きを作ろう　ぶつかる編

保護者の方へ　これは小学校の授業や科学系のイベントでよく実施している定番の内容です。2、4、8、16と2倍2倍に増えていく現象は直観的にわかりにくいですが、こうしてプログラムで動かして目に見えるようにするととてもわかりやすくなります。この増え方はネズミ講やいわゆる「不幸の手紙」、インフルエンザでの学級閉鎖、食べ物が急に腐っていく様子などいろいろな現象の説明に使えますが、ここでは「情報の拡散」の説明に使い、インターネットを使う上でのマナーの説明と絡めています。

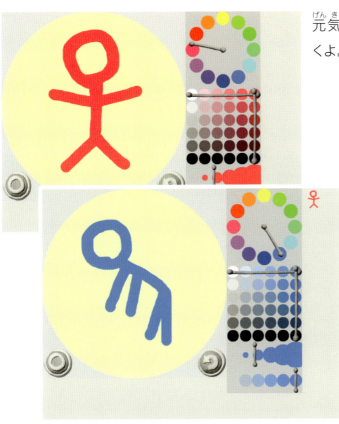

元気な人とかぜをひいた人を描くよ。それぞれの色は変えよう。

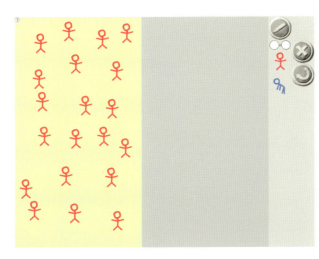

元気な人をステージにたくさん置くよ。

わあ、人がいっぱい！

55

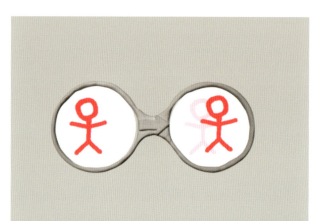

元気な人は横に動くようにしよう。

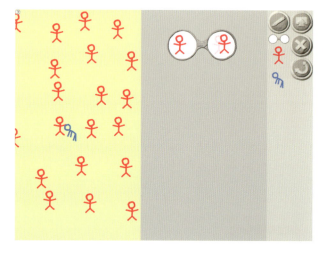

かぜをひいている人はステージに1人だけ置くよ。

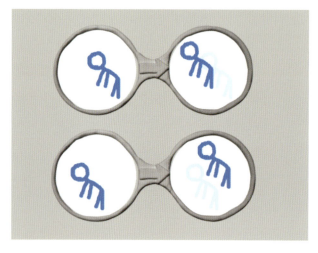

かぜをひいている人はふらふらしてるので、ゆらゆらのテクニックを使って左上や右上に動かしてみよう。

ゆらゆらはメガネを2つ使うんだったね！

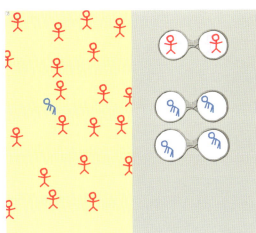

ステージでときどき、かぜをひいている人が元気な人とぶつかるよね。かぜの人と元気な人がぶつかるとどうなるかな？

いろいろな動きを作ろう ぶつかる編

かぜがうつる？

そうだね。
それでは「かぜがうつる」
というメガネを作ってみるのじゃ！
今の3つのメガネはそのままで
1つ足すだけで作れるぞ

✚ よくあるまちがい

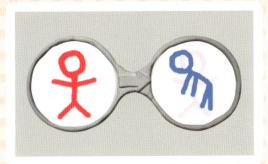

✗ これでは、元気な人がすぐにかぜをひいてしまうね

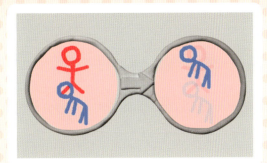

✗ 2人が1人になってるね

57

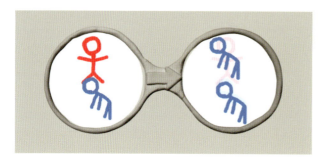

正解のメガネはこれ。
「かぜの人と元気な人がぶつかったら、かぜの人はかぜのままで、元気な人はかぜになる」だね。

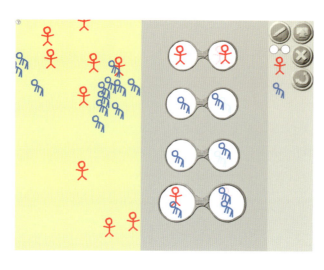

はじめはゆっくりだけど、だんだんかぜが広まる速度が速くなって、最後はみんなかぜになっちゃうね。

ためしてみよう！

みんなは、かぜをひいたら病院に行くよね。
かぜになった人たちを治すために、病院を建ててみよう。

ヒント！

1. 病院の絵を描く
2. 病院をステージに置く
3. かぜをひいた人が病院に入ると、病院から元気になって出てくる

みんなを治して
あげよう！

教えて！ハカセ
ものと情報のちがい

　ノートやえんぴつといった形や重さがあるのは「もの」ですね。自分がもっている「もの」を相手に渡すと、自分の手元からその「もの」は無くなります。つまり「もの」は移動します。あたりまえですね。ところが、情報はちがいます。情報というのは、明日の天気は晴れとかおいしいラーメン屋さんはどれか、といった形の無いものです。自分が知っている情報を相手に教えると、相手はその情報を知るけれども、自分はその情報を忘れません。情報を相手に教えることで、情報を知っている人が2人に増えたのです。ものは移動することに対して情報は複製します。

　このかぜが感染していくプログラムは、最初はかぜをひいた人が1人だけだったのが、健康な人にかぜをうつしてどんどん広がっていきます。最初はゆっくりと広がりますが、途中からすごい速さで広がりだします。ここで、健康な人を情報を知らない人に、かぜをひいた人は情報を知っている人に置きかえてみましょう。情報を知らない人がたくさんいる中で、1人だけ情報を知っている人がいます。最初はなかなかぶつかりませんが、情報を知っている人と知らない人がぶつかると情報を教えてもらい2人とも情報を知ります。そうして情報を知っている人がどんどん増えていきます。最初はゆっくりだったのが、途中から急に広がっていきます。これが情報の広がり方です。よく覚えておきましょう。

　コンピュータにとっては情報に良いも悪いもありませんが、人間にとっては広がってほしい情報と広がってほしくない情報があります。ちょっとしたいたずらのつもりで友達の悪口をインターネットの掲示板に書き込んでしまうと、それがこんな感じで一気に広がってしまうかもしれません。広がってしまった情報を取り消すことはできません。

　インターネットはとても便利ですが、情報の性質をよく知った上で、十分に注意して使うようにしましょう。

10 じゃんけん

テーマ● シミュレーション 「考える」を助けるコンピュータ

こんなかんじ

さっき作った「かぜの伝染」は、かぜが元気な人よりも強かったよね。今度はみんなが同じくらいの強さでどうなるかためしてみるよ。たとえば「じゃんけん」。グーはチョキより強くて、チョキはパーより強くて、パーはグーより強い。これをプログラムするとどうなるかな？

んー、勝負つくのかな・・・

60

2 いろいろな動きを作ろう ぶつかる編

保護者の方へ コンピュータの大切な応用の1つがシミュレーションです。このじゃんけんのシミュレーションは、やってみるとわかりますが、「きっとこのように動くだろう」という先入観が見事に裏切られます（私の実体験です）。シミュレーションは人間の考えの足りない部分をコンピュータが補ってくれるものですが、自分でプログラムを書いて動かすことでコンピュータを自分の味方につける感覚を味わってください。

グー、チョキ、パーの絵を描いて、それぞれ同じ数ずつステージに置くよ。

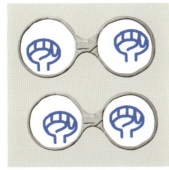 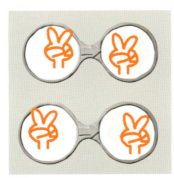 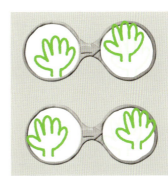

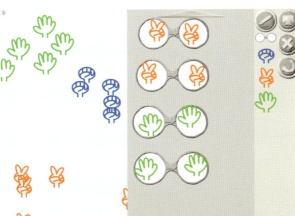

グー、チョキ、パー、それぞれゆらゆらする動きを作ろう。
ゆらゆら動き出したね。

61

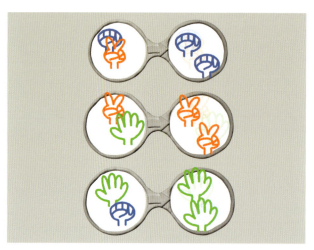

今度はグー、チョキ、パーの勝ち負けを作るよ。「相手に勝つ」は、「相手を自分に変える」と考えるよ。グー、チョキ、パーのすべてのメガネを作ろう。

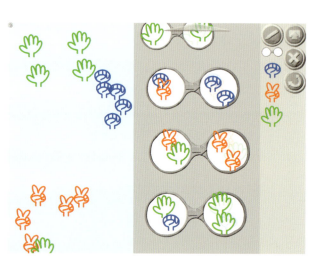

じゃんけんぽん！ 勝負開始だ。どうなるか、みんなも予想してみてね。

勝ったり負けたりしてるね

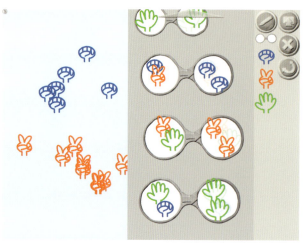

あれ？ チョキが強くてパーがいなくなっちゃった。

チョキの勝ちかな？

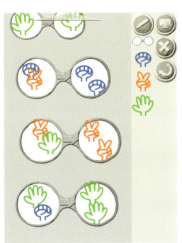

あれれ？ 最後はグーだけになっちゃった。なんでだろう？ ハカセ教えて！

いろいろな動きを作ろう ぶつかる編

今回は3つの中でチョキが一番強く、パーをすべて消してしまったのう。ところが、パーがいなくなると、グーより強い敵がいなくなるので、グーはだれにも負けなくなる。すると強かったチョキも最後はグーに負けてしまうのじゃ。一番強い手が最後に残るとは限らないのが意外じゃのう。もう一度、メガネを見てみよう。

パーがいなくなるということは、「パーが入っている2つのメガネが使われない」ということじゃ。残ったのはグーがチョキに勝つというメガネだけじゃろ。メガネをしっかり見ると、不思議でもなんでもないことがわかるかな。

使われない

使われない

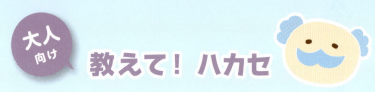

教えて！ハカセ
ビスケットの内側の話

　ビスケットは、コンピュータの可能性と楽しさをみんなに知ってもらいたいという想いで作りましたが、それ以外にもいろいろな工夫がされています。

色の工夫

　ビスケットのお絵かきの色選択はとても特徴があります。コンピュータが表示することができるすべての色が対等になるようにしました。市販の絵の具やクレヨンが用意しているような代表的な色も、名前の知らないあまり使われない色も対等に扱われています。他の人が描いた絵と同じ色にすることもほぼ不可能で、全員が少しずつちがう色になります。

　色相（色の種類）とトーン（色の明るさと鮮やかさ）に分けて選べるようにしたのも工夫の1つです。色相を変えないでトーンを変えて描くと、ものに光が当たっている部分、影の部分を描きやすくなります。かんたんに飛び出て見える絵になりますよ。逆にトーンを変えないで色相だけを変えて絵を描くと、トーンが揃った絵になり色がとてもつながりやすくなります。

編集させない

　ビスケットでは、いわゆる普通のオフィスアプリなどが持っている編集機能は極力排除しています。コピー、貼り付け、元に戻すなどはできません。メガネの中に絵が入った状態ではメガネを捨てることもできません。ゴミ箱もありません。このように制約が多いアプリですが、操作に困っている子どもは見かけません。自然に使っています。特に、いらなくなったメガネや絵は、それぞれ持ってきた場所にきちんと戻してくれます。子ども達にとってはお片づけもあそびの1つです。高度な情報編集装置は、仕事で使うコンピュータの話です。コンピュータを少し手間が省ける装置などと思ってほしくはありません。自分でプログラムを書いて動かすすばらしさを強調したかったのです。

画面が静か

　起動したとき、アプリが勝手に色、音、動きを使って派手に演出したりしません。そんな刺激がなくても子ども達は夢中になります。一番目立つべきなのは子どもの作品なのです。

全員がちがう作品になる

　他人の作品を真似しようとしても、絵は自分で描かなければならないため、確実にちがう作品になります。コンピュータを使った表現が貧相になってしまうアプリはコンピュータの力と子どもの力を甘く見すぎています。1人1人が表現したものを最大限拾い上げるべきです。

いろいろな動きを作ろう かんたんゲーム編

ここからは安全装置のないビスケットを使おう。メガネで絵を増やしたり減らしたりできるので、まちがうとかんたんに無限増殖してしまうよ。ちょっぴり危険なビスケットをうまく使いこなせるかな？

 ひとりでつくる

- **11** さわったら出てくる
- **12** おそうじロボット
- **13** タマゴが割れたら？
- **14** シューティングゲーム

11 さわったら出てくる

テーマ● さわると絵が増える

難易度 🍬🍬🍬🍬🍬
対象 6歳以上
モード 👤 ひとりでつくる

こんなかんじ

ここからは、画面をさわると動くプログラムを作るよ。まずは、なにもないビスケットの画面をさわっていろいろなものを出してみよう。

実は、ここまでのビスケットには安全装置がついておった。これからは安全装置がとれてどんなメガネでもこわれずに動いてしまうぞ！

※詳しくは10ページ

> **保護者の方へ** これまでは初心者用に機能が制限された **みんなでつくる（ビスケットランド）** を使用してきましたが、ここから使う **ひとりでつくる** では機能がぐんと増えています。まず、プログラムを作っている状態とプログラムを実行している状態が明確に分かれます。ここで扱っている「さわったら」は外側の情報をプログラムの中に取り込む「センサー」の一種で、プログラムを実行しているときに画面のどの位置をさわるかで、プログラムの動きに影響を与えます。これで、ゲームのようなプログラムを作れるようになります。

3 いろいろな動きを作ろう　かんたんゲーム編

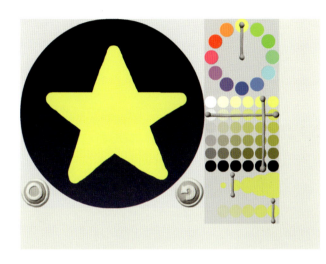

星を描こう。

「さわったら○○する」という命令には、指マークを使うよ。

新しいマークだ！

メガネの左側にを入れて、右側に星を入れれば、「画面をさわったら星が出てくる」という命令のでき上がり！

67

できたら、あそぶボタン◻️であそぶ画面にしてみよう。

ステージでは「さわる」操作はできないんだ。「さわる」ためにはあそぶ画面にしよう

あそぶ画面になったら画面をさわってみよう。星が出てくるよ！◯であそぶ画面のはじめからやりなおすことができて、◯でさっきの制作画面にもどるよ。

赤や青の星も描いて、「さわったら赤い星が出てくる」メガネと、「さわったら青い星が出てくる」メガネを作ってみよう。

なに色の星にしようかなー

あそぶ画面であそんでみよう。
さわるたびにいろんな色の星が出てくるね。

3 いろいろな動きを作ろう かんたんゲーム編

ためしてみよう！

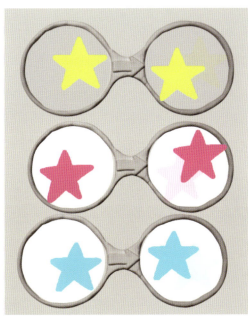

星が動くメガネを作ったらどうなるか、やってみよう。

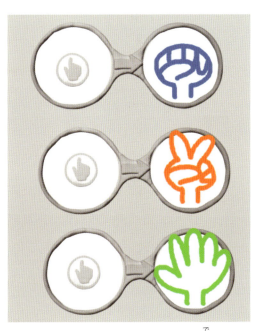

さわるとグー、チョキ、パーが出てくるメガネを作ってみんなでせーのでタッチしたら、じゃんけんができそうじゃない？

12 おそうじロボット

テーマ● ぶつかると絵が減る

難易度
対象 8歳以上
モード ひとりでつくる

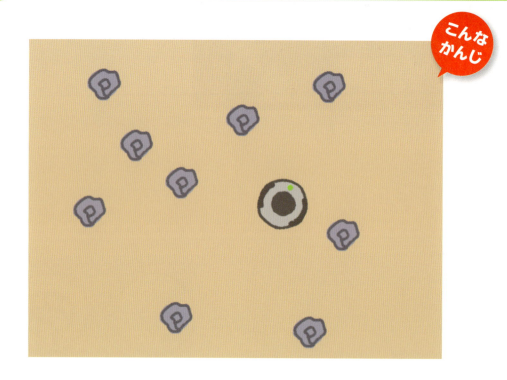

こんなかんじ

おそうじロボットって知ってるかな？ 部屋の中を動きまわって、ゴミをひろっておそうじしてくれるロボットだよ。ビスケットでおそうじロボットを作ってみよう！

どんどんゴミをすいこんで、
あっというまに部屋を
きれいにしちゃおう

| 保護者の方へ | **みんなでつくる（ビスケットランド）** ではメガネの左右の絵が同じ個数でなければエラーで動きませんでしたが、**ひとりでつくる** では「絵が2個から1個に減る」というメガネもエラーになりません。このプログラムを動かすと、ステージ上から絵がどんどん消えていきます。また、ゴミを探して動くロボットのプログラムが、こんなにかんたんに書けてしまうのもビスケットの特長です。この先はメガネの数も増えていくので、思ったように動かしたければ、1つ1つのメガネをきちんと作る必要があります。メガネを1つ作るごとに動かして確認を心がけてみてください。 |

3 いろいろな動きを作ろう　かんたんゲーム編

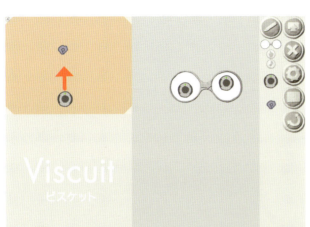

そうじきとゴミを描いたら、「そうじきがまっすぐ進む」メガネを作ろう。

そうじきとゴミがぶつかるように、そうじきとゴミをステージに置くよ。

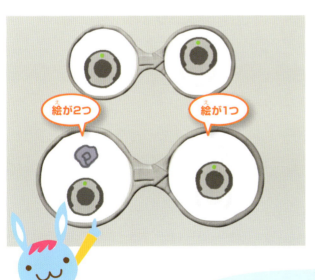

絵が2つ　　絵が1つ

そうじきがゴミをすいこむという動きを作るには、「ゴミとそうじきがぶつかったら、ゴミが消えてそうじきだけになる」メガネにすればいいね。

だから左と右の絵の数がちがってもメガネがピンクにならないんだね

「みんなでつくる」のメガネがピンクになってこわれたのは安全装置じゃった。「ひとりでつくる」ではその安全装置がついていない。つまり、メガネの左と右で絵の数がちがってもこわれずに動いてしまうぞ

71

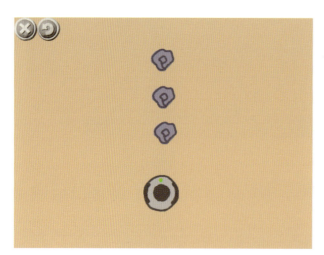

ゴミをいくつか置いてみよう。全部すいこんでくれるかな？

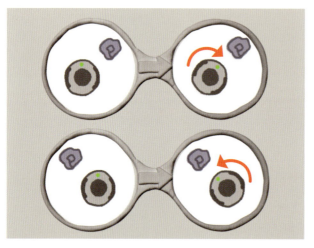

「そうじきの右にゴミがあったら、そうじきは右を向く」メガネや「そうじきの左にゴミがあったら、そうじきは左を向く」メガネも作ってみよう。
回転ボタン 🔄 を押してからメガネを作ってね。

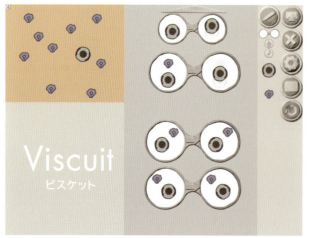

ここまでできたら、ゴミをステージにいっぱい置いてみよう！

わー！どんどんきれいになってく！

ためしてみよう！

さわるとゴミが出るようにしてみよう

画面をさわってロボットの前にゴミを置くと、おそうじしながらロボットがついてくるよ。あそぶ画面にしてためしてみよう。

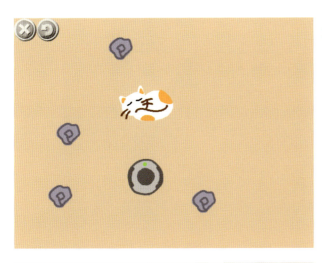

ねているネコをよけよう

ねているネコを起こさないようにロボットを動かすのはどんなメガネかな？

ネコにぶつからないようにだから･･･

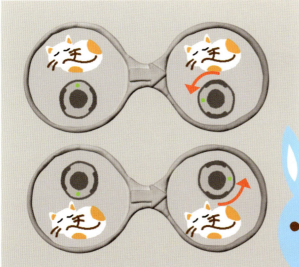

そうじきの前にネコがいたら方向を変えるようにすれば、よけるように動くよ。

そうじきがよけやすいように、下からぶつかるメガネと上からぶつかるメガネを作ったよ

13 タマゴが割れたら？

難易度
対象 8歳以上
モード ひとりでつくる

テーマ● さわると絵が変わる・増える

こんなかんじ

タマゴから生まれる動物はいっぱいいるよね。虫や鳥、カエル、恐竜もタマゴから生まれるね。ここでは、何が生まれるかわからない、ふしぎなタマゴを作ってみよう。

みんなのアイディアの数だけ、おもしろいものが生まれるよ！

> **保護者の方へ** これは筆者らが授業やイベントなどで小学生へビスケットを教えるときに人気の内容です。作品ができると他人にあそんでもらいたくなりますから、何人かで一緒に作るのもよいでしょう。ここでは最後に花が3つ咲く例を少し見せていますが、アイディア次第でいくらでも変形が楽しめるので、一緒にあそんでお子さんの発想をどんどん引き出してあげてください。

3 いろいろな動きを作ろう　かんたんゲーム編

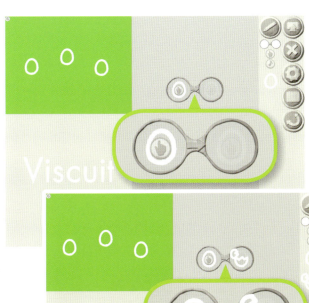

タマゴを描いて、ステージに3つ置こう。
メガネの左側にタマゴと指マークをいっしょに入れると「タマゴをさわったら○○する」という命令になるよ。

割れたタマゴを描いて、メガネの右側に入れると「タマゴをさわったら、タマゴが割れる」よ。

▢であそぶ画面にきりかえて、タマゴをさわってみよう。

タマゴが割れた!!

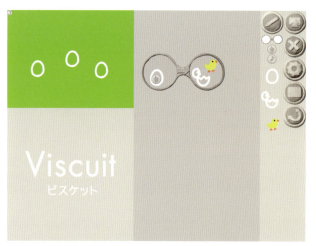

なんのタマゴなのか考えて、タマゴから生まれるものの絵を描こう。メガネの右側に割れたタマゴといっしょに、その絵を入れるよ。

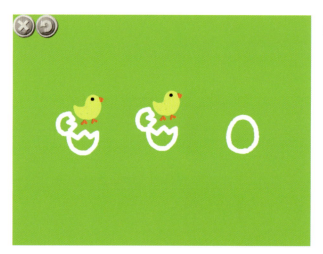

あそぶ画面でタマゴをさわると…

ひよこが生まれた！

次に、ひよこが歩くメガネを作るとどうなるかな？

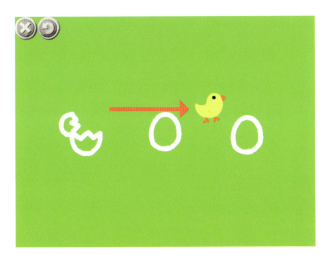

次に「ひよこをさわるとにわとりになる」メガネを作るとどうなるかな？

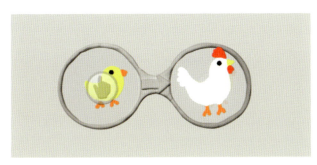

タマゴをさわるとひよこが生まれて、ひよこをさわるとにわとりになった！

ためしてみよう！

割れたタマゴを元にもどしてみよう

「割れたタマゴをさわると割れていないタマゴに変わる」メガネを作ると、割れてもさわると元どおりになるよ！

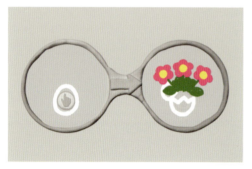

1つのタマゴからたくさん生む

割れたタマゴといっしょにたくさん絵を入れたらどうなるかな？

回転させてもおもしろいよ

絵を修正する

描いた絵を長押しして出てくるえんぴつボタン✏️を押そう。元の絵を消すと、絵の描きかえもできるんだ。まる⚪を押すと、画面にあるすべての絵が修正されるよ。

3 いろいろな動きを作ろう かんたんゲーム編

なにが生まれるか わからないタマゴを作ろう

タマゴから生まれる絵をたくさん描いて、それぞれにメガネを作って、あそぶ画面でタマゴを割ってみよう。

なかなか生まれない絵があるなあ…

指ボタンが置かれている場所を変えてみよう。これで、タマゴの上をさわるとひよこが生まれて、下をさわると恐竜が生まれるメガネになるぞ

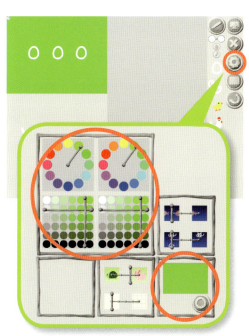

背景を変えてみよう

設定ボタンを押すと、こんな画面が出てくるよ。左上の2つのパレットで背景を変えることができるんだ。選んでいる色は右下で確認して、決まったら、まる◎を押そう。

1色にしたい場合
左のパレットで色を選ぼう。右のパレットも同じ色になるよ。

グラデーションにしたい場合
左で画面の上、右で画面の下の色を選ぼう。

79

14 シューティングゲーム

難易度
対象 8歳以上
モード ひとりでつくる

テーマ ● 部品をさわって操作する

こんなかんじ

右や左に自由に動かせて、さわったらビームが出る。そんな発射台を作って、自分だけのシューティングゲームを作ろう!

ここでは「方眼紙モード」を使って作っていくよ。方眼紙のようにたくさんのマスがあって、そのマスに合わせてぴったり置くことができるんだ!

| 保護者の方へ | ここで紹介する方眼紙の設定は、正確に動くプログラムを作りたいときに使います。ここで作るシューティングゲームは基本的なものですが、筆者らがこれまで出会った子どもたちが作った作品のバリエーションは幅広く、とてもすべては紹介できません。ここで紹介する対戦のアイディアもその1つ。何も教えなくても子どもたちが自由な発想で作り出したものです。ゲームの魅力はすごいですね。

いろいろな動きを作ろう
かんたんゲーム編

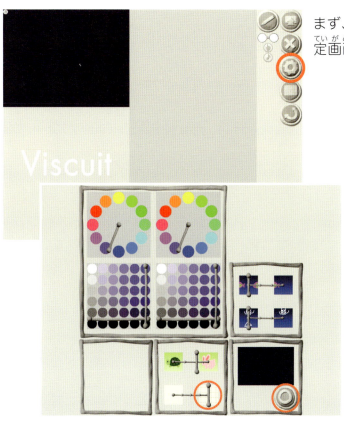

まず、設定ボタン ◎ を押して設定画面を表示するよ。

方眼紙設定で棒を一番右にずらして、◎ を押そう。

※ 方眼紙のひみつについては122ページを見てね

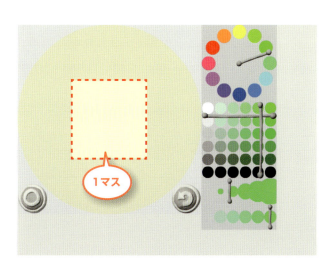

方眼紙が設定されると、ステージとお絵かき画面に方眼紙の1マスの大きさが表示されるよ。

1マス

81

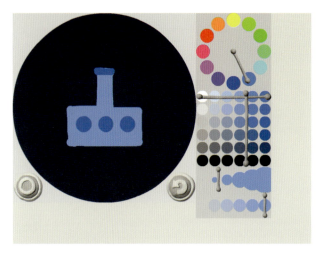

マスに入るように発射台を描くよ。ビームも描こう。

発射台をステージに置こう。

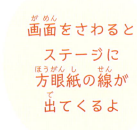

画面をさわるとステージに方眼紙の線が出てくるよ

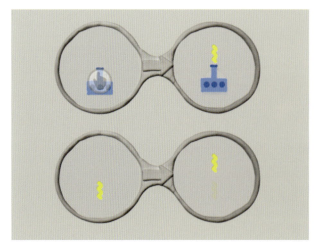

「発射台をさわると、発射台はそのままで発射台の上にビームが出てくる」メガネと「ビームは1マス上に動く」メガネを作ろう。

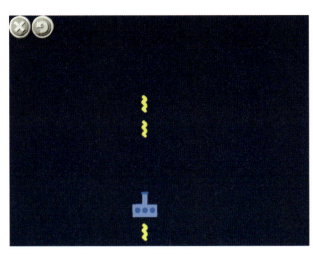

あそぶ画面にして発射台をさわってみよう。ビームは出てくるかな？

出てきたビームが上に消えて、また下から出てきちゃった

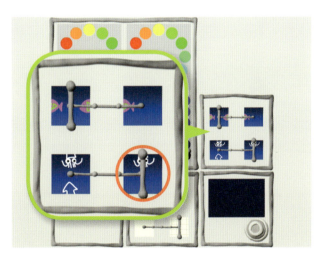

設定で、画面のループ設定を変えよう。魚は横のつながりを、イカは縦のつながりを設定できるよ。ここではビームが上に行ったら下から出てこないように、下の棒を右にずらそう。

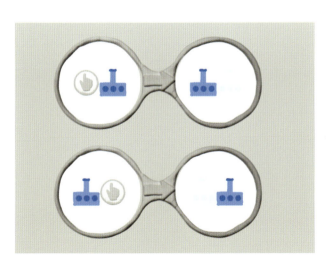

「発射台の左をさわると、発射台は1マス左にずれる」メガネと、「発射台の右をさわると、発射台は1マス右にずれる」メガネを作ると、発射台を左右に操作できるようになるよ。

83

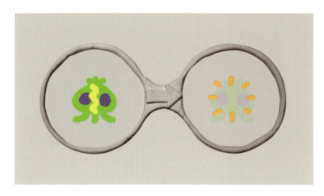

敵の絵と当たったときの絵を描いて、敵をステージに置こう。
「敵がビームにぶつかると、当たったときの絵に変わる」メガネを作るよ。

「当たったときの絵が消える」メガネを作ろう。メガネの右側になにも入れなければ「消える」になるよ。

ためしてみよう！

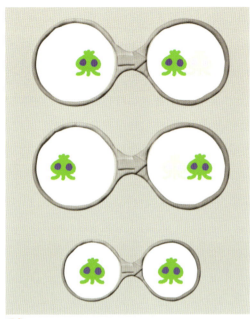

敵がにげるよ！

敵が左や右に動いたり、ときどき動きが止まる。ビームがなかなか当たらなくなったね。

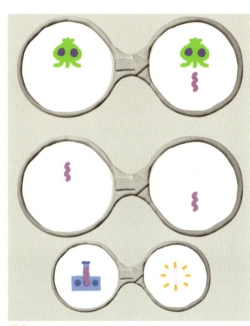

敵のこうげき！

敵がときどきビームを出すにはどうすればいい？「敵のビームに自分が当たったら消えちゃう」メガネも必要だね。

「さわると」で操作できる発射台をもう1つ作って、お友だちと対戦してみよう！

いろいろ工夫しておもしろいゲームを作ろう！

3 いろいろな動きを作ろう

かんたんゲーム編

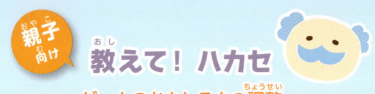

教えて！ハカセ
ゲームのおもしろさの調整

　おもしろいゲームを作るには、かんたんすぎてもむずかしすぎてもいけません。ちょうどよいむずかしさにするのがコツです。たとえば、メガネの中の絵のずらし方を調整して、動く速さを変えてみます。大抵は、動く速さを速くするほどゲームはむずかしくなります。ビスケットでゲームを作ってみたときに、かんたんにクリアしてしまいそうなら動きを速くすればよいし、逆にむずかしすぎてクリアできそうにない場合は、動きが遅くなるように調整します。敵になかなか当たらなければ、敵の数を増やすと当たりやすくなります。かんたんすぎるなら敵の数を減らします。

　得点だけじゃなくて減点の項目を作ると、ゲームのむずかしさのバランス調整がやりやすくなります。たとえば当ててはいけない味方のキャラが途中にいてじゃまをするというのもいいですね。とても似ている絵を2つ描いて、片方は得点だけど片方は減点とすると、まぎらわしくて本当に楽しくあそべます。

　作ることだけに夢中になると、とにかく楽しいのでグチャグチャになってしまいがちです。ゲームであそぶ人のことを考えて、ちょうどよいむずかしさに調整するとワンランク上のゲームになりますよ。

　それからビスケットで作るゲームは商品（売るもの）ではありませんから、ゲームに必要なものをプログラムの中ですべて作る必要はありません。たとえばトランプであそぶときは点数を紙に書いたりチップを配ったりするのと同じように、ビスケットで作ることがむずかしい部分は紙でやってもよいのです。ビスケットのプログラムはそのままだけど、あそび方のルールに「3発以内で敵を倒せるかな」というのを追加するだけでも、おもしろさがまったくちがってきます。

　プログラミングでゲームがかんたんに作れる、ということよりも、おもしろいゲームはどう工夫すればよいのか、ということのほうがずっと重要だということですね。

模様を作ろう

ビスケットのちょっと変わった使い方、プログラムの規則にしたがって、きれいな模様にチャレンジしてみよう。規則をちょっと変えるだけで、できあがる模様がガラッと変わるのがおもしろいよ。

ひとりでつくる

15 パタパタ模様
16 増えながら動く模様
17 ぶんしん模様でうめつくそう！

15 パタパタ模様

難易度
対象 8歳以上
モード ひとりでつくる

テーマ● ならべ方で動かす

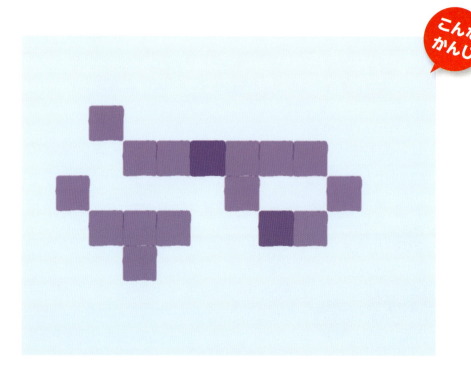

こんなかんじ

同じ絵をならべて模様を作ろう。絵をならべかえるメガネをいくつか作ると、パタパタとふしぎな動きをするよ！さあ、どんな模様が作れるかな？

パタパタ

動く模様を作ろう！

4 模様を作ろう

保護者の方へ これまで紹介してきたあそびとはまったく種類がちがうビスケットのあそび方を紹介しています。このパタパタ模様は、1種類の絵と単純なメガネだけでステージ上におもしろい模様の動きを作り出します。プログラムを動かす場合、プログラムの命令にばかり注意がいきがちですが、「どのようなデータからプログラムをスタートするのか」ということも同じくらい重要です。ここでは「最初にどのように絵をならべたらおもしろい動きができるのか」という点も楽しんでみてください。

 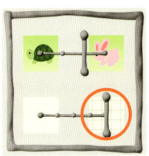

設定ボタン◉で、方眼紙モードのマスの設定をしよう。左のように設定してね。

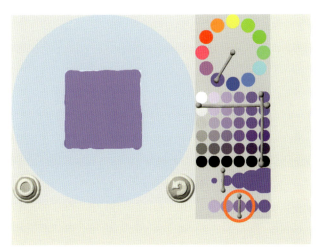

方眼紙のマスに合わせて、四角を描こう。ポイントは、半透明な色を使って、一筆で描くこと。

うすさを変えると、半透明な色になるよ

✖ よくあるまちがい

❌ 一筆書きで描かないと、四角に色むらができるよ

89

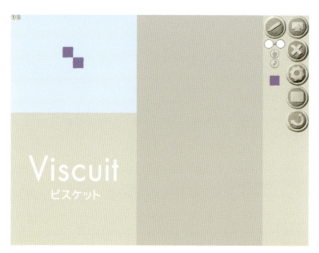

ステージに、描いた四角をななめにならべるよ。

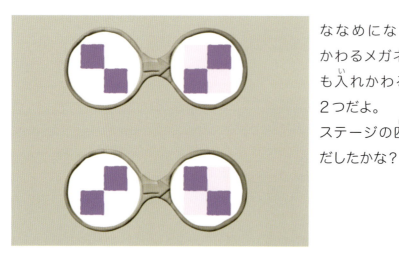

ななめにならんだ四角が入れかわるメガネを作ろう。反対にも入れかわるように、メガネは2つだよ。
ステージの四角がパタパタ動きだしたかな？

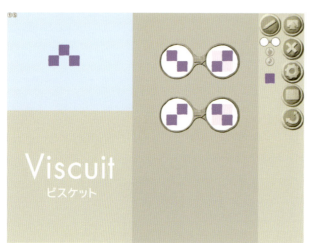

ステージにもう1つ、四角を置いてみよう。
どんな動きをするかな？

3つだと
どう動くん
だろう？

この3つの模様が出てくるね！

ハカセの解説

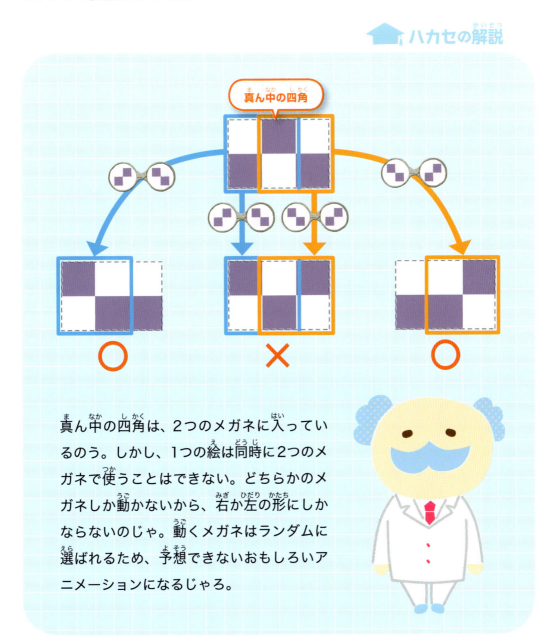

真ん中の四角は、2つのメガネに入っているのう。しかし、1つの絵は同時に2つのメガネで使うことはできない。どちらかのメガネしか動かないから、右か左の形にしかならないのじゃ。動くメガネはランダムに選ばれるため、予想できないおもしろいアニメーションになるじゃろ。

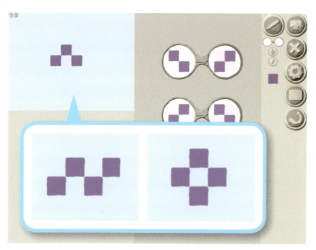

ステージのならべ方を工夫してみよう

メガネはそのままで、ステージに4つ目の四角を置いてみよう。どんな動きになるかな？
数を増やしたり、いろんなならべ方をためしてみてね。

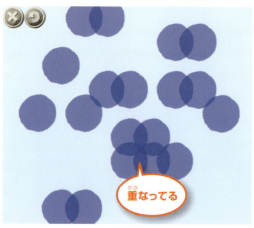

重なってる

重なってる

重なってる

絵を描きかえてみよう

まる、十字など、いろんな形を描いてみよう。方眼紙のマス目からはみ出して描くと、絵が重なっておもしろい模様になるよ。
棒人間を描いたら、みんなでダンスしているみたい！

2色使って描いたら、色の重なりがきれいだね。

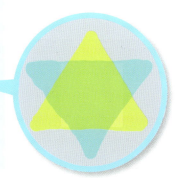

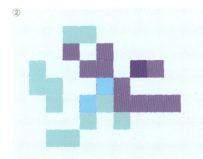

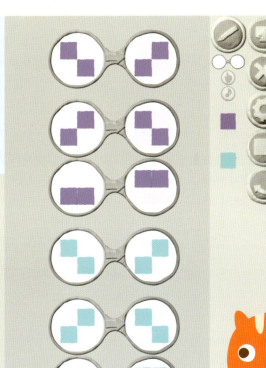

部品を増やしてみよう

別の色で四角を描いて、メガネも作ろう。
色が重なっておもしろい動きをするね。

増やした部品を動かすメガネを忘れずにね！

16 増えながら動く模様

テーマ● 規則的に絵を増やす

難易度
対象 8歳以上
モード ひとりでつくる

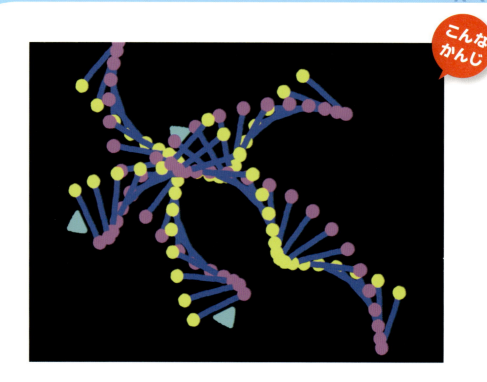

こんなかんじ

部品がつぎつぎに生まれるメガネを作り、その部品を動かすと、整列して動く模様ができるよ。まっすぐ飛ばしたり回転させたり、いろいろな動きをする模様を作ってみよう！

なんでこんなにきれいにならぶのかな？

> **保護者の方へ** これは個性のある綺麗な模様をだれもがかんたんに作れる例です。具体的な絵を描かずに済むため、作品の上手い下手が出にくく、色や形に対して直接的に楽しめるのがよいのかもしれません。適当に操作しても綺麗な模様が作れますが、増えて動く理由をきっちりと理解して、自分の思い通りに模様のならび方を制御することを目標にすると、より楽しめると思います。

4 模様を作ろう

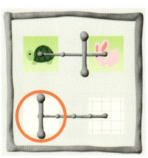

◎で、方眼紙モードのマスと、ループ設定をしよう。左のように設定してね。

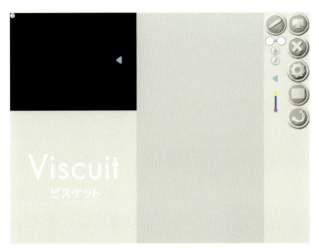

左向きの三角と、棒の上と下にまるがついた絵を描くよ。描いたら三角をステージに置こう。

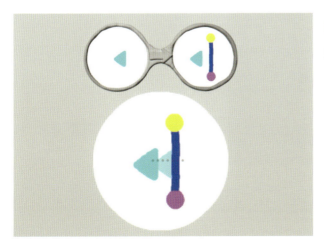

「三角が横に進むと後ろに棒が生まれる」メガネを作ろう。

95

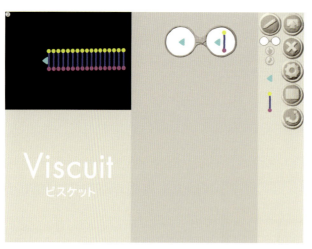

三角が横に進みながら、後ろに棒が1つずつ生まれるね。

三角が
通った道に
線路ができてく
みたい！

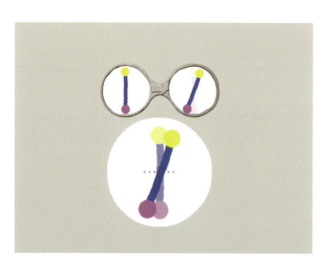

次に回転ボタン  を押して「棒が回転する」メガネを作ってみよう。どんな模様になるかな？

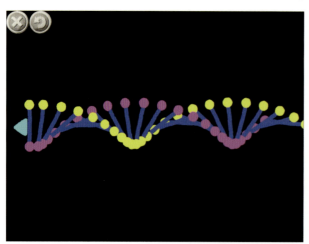

波のように動く模様ができたね。

1つずつ生まれた
棒の動きはじめる
タイミングがずれる
から波みたいに
なるのね！

ためしてみよう！

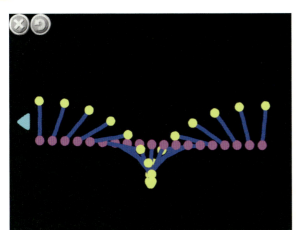

メガネの中を変えてみよう

棒の回転をずらしたり、三角を大きく回転させたりしているよ。メガネの中をいろいろ変えると、いろんな波の模様になるね。

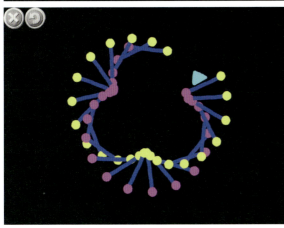

同じ絵なのにちょっと変えるだけでこんなにちがう模様ができるんだね

絵を描きかえてみよう

棒の絵をほかの絵に描きかえるとどうなるかな？　絵の外側を透明な色で囲むと光って見えるね。

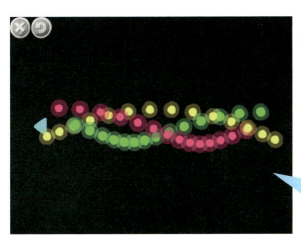

4 模様を作ろう

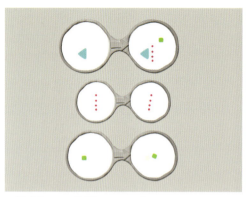 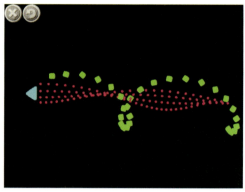

「三角から部品が2つ生まれる」メガネを作ってみよう。生まれた部品はそれぞれ回転させているよ。

うずまき模様を作ろう

三角と横棒を描いたら、三角を同じ場所で回転させて、ステージの真ん中に置こう。

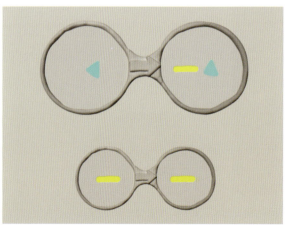

そのメガネの右に横棒を入れて「回転しながら棒が生まれる」ようにするよ。さらに「棒が横に動く」メガネも作ろう。

4 模様を作ろう

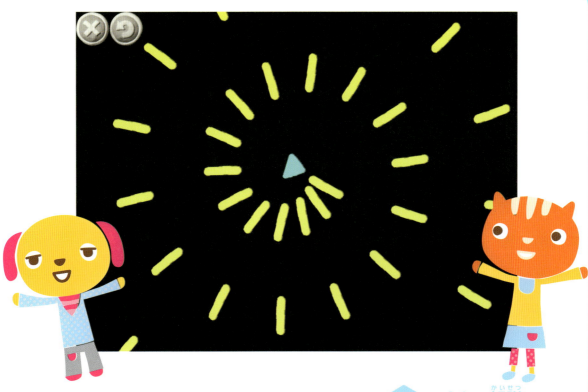

🏠 ハカセの解説

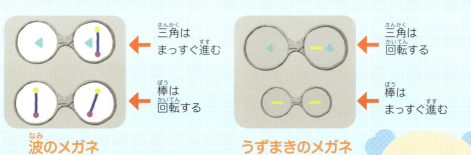

波のメガネ　　　　　　　うずまきのメガネ

波の模様は、まっすぐ進みながら棒が生まれ、生まれた棒は回転している。うずまきの模様は、回転しながら棒が生まれ、棒はまっすぐ進んでいる。回転とまっすぐ進む動きを入れかえただけなのに、ぜんぜんちがう模様になるのう。

ためしてみよう！

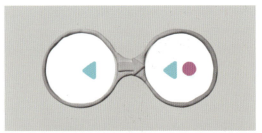

しきつめ模様を作ろう

まると三角を描いて、「三角から、まるがどんどん生まれる」メガネを作ろう。

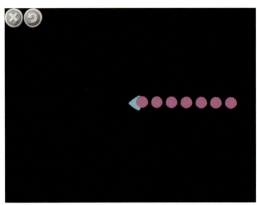

三角をステージに置いたら、まるがどんどん生まれるね。

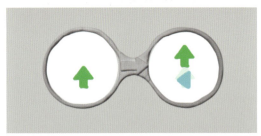

次に「その三角が矢印から生まれる」メガネを作ろう。矢印は上に進むよ。

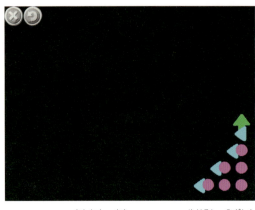 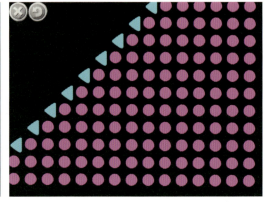

ステージの三角を片づけて、矢印を右下に1つだけ入れてみると、矢印から三角がどんどん生まれて、三角からまるがどんどん生まれ、まるがしきつめられるよ。

4 模様を作ろう

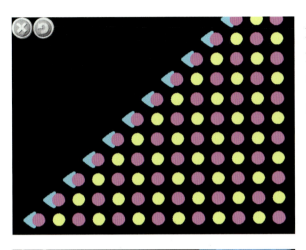

黄色とピンクでまるをチカチカさせたり、部品を回転させたりしてみよう。波のような模様も作ることができるよ。

どうやって作ってるのかな？

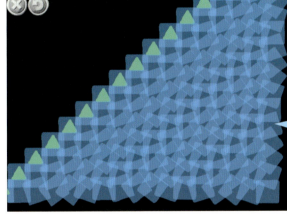

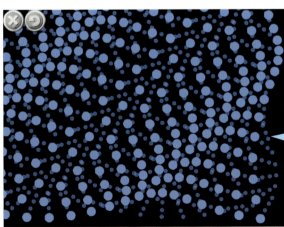

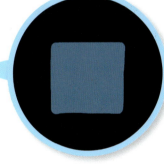

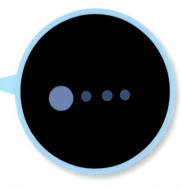

動いている様子は、サポートページで見ることができるよ！　→詳しくは12ページ

101

17 ぶんしん模様でうめつくそう！

テーマ ● 重なると広がる

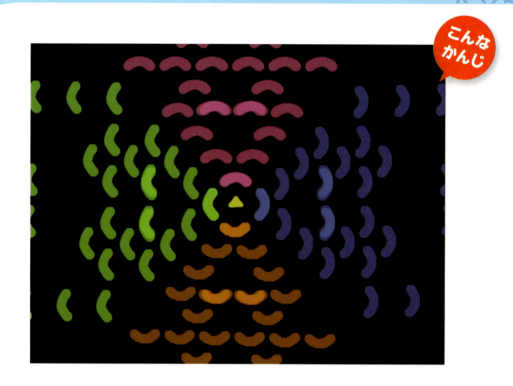

こんなかんじ

部品が重なると広がるように動くメガネを作ってみよう！　おもしろいパターンで模様が広がっていくよ。

ヒャー

ぶんしん！！

保護者の方へ 丸の縦か横の1つのならびだけに注目すると、丸が2つ重なると隣に1つずれるという、二進数を数えるように進んでいます。全体の動きは数学的に規則的なはずですが、斜めの方向は縦と横とで複雑に絡み合うため、見ていて飽きない広がり方をします。この作り方はまだ発見したばかりなので、もっといろいろな応用が見つかりそうです。ぜひ見つけてみてください。

 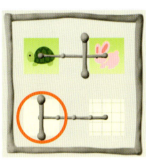

◎で、方眼紙モードのマスと、ループ設定をしよう。左のように設定してね。

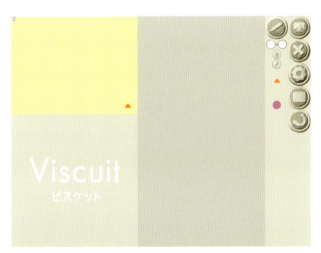

三角と半透明のまるを描いたら、ステージの右下に三角を1つ置こう。

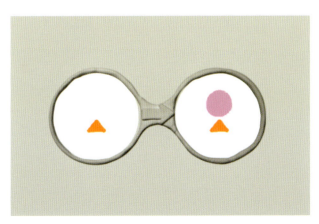

「三角の上にまるが出てくる」メガネを作るよ。三角は動かないようにすると、まるが同じ場所につぎつぎと重なるよ。

十字で
ぴったり
重ねるよ

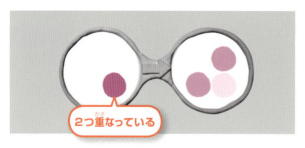

「まるが2つ重なったら、まるが上と左にひろがる」メガネを作ろう。まるは半透明で描いているので、メガネの左側のまるは濃くなり、2つ重なっているのがわかるね。

まるがどんどんうまれて、重なると上と左に広がる。ふしぎな広がり方をするね。

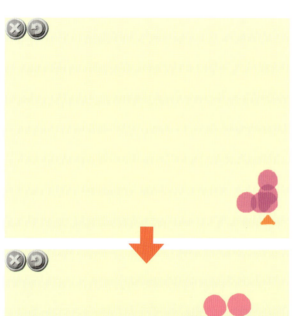

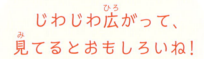

じわじわ広がって、見てるとおもしろいね！

ためしてみよう！

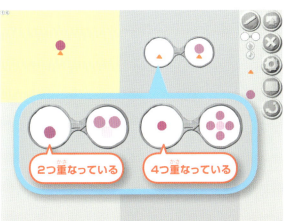

広がるメガネを変えてみよう

重なったまるを右上と左上に広げると、どんな模様になるかな？
重ねる数を変えてみよう。これは「まるが4つ重なったら上下右左の4方向に広がる」メガネだよ。

✕ よくあるまちがい

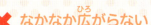

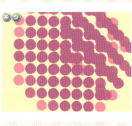

✕ なかなか広がらない　　✕ 一気に広がる

メガネに入れる数をまちがうと、広がらなかったり、一気に広がっちゃったりするよ。右と左に入れる数は同じにしよう。

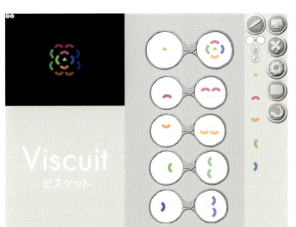

波紋のように広げよう

色のちがう4つの部品が、重なるとそれぞれちがう方向に広がるようにしてみたよ。三角から4つの部品が同時に生まれるよ。

教えて！ハカセ
プログラミング教育に関するよくある質問　FAQ

　いろいろな方々にプログラミング教育に関する質問をいただくことが多いのですが、よくあるものにお答えします。

Q　小さい子どもには手触りを大事にしたい　プログラミングなんてまだ早いのでは？

　手触りが大事なことはいうまでもありません。私も子どもの頃は粘土でばかりあそんでいました。でも人間はテレビを見て泣いたり笑ったりします。テレビって、色の光がチカチカしているだけ。触れないんですよ。子どもにテレビはいっさい見せないという教育方針であるならばまだしも、テレビは良いけどタブレットはダメ、というのは偏見ですね。

　私はけっこう子どもを信用しています。いろんな子どもに接していますが、ビスケットに夢中になっていても休憩時間になるとグラウンドで走り回って、汗をかきながら戻って来ます。子どもたちは体を動かすのもビスケットであそぶのも、どちらも大好きなのです。

Q　夢中になりそうで怖いです

　作ることに夢中になるのは、すばらしいことです。しかし、パチンコにはまる大人がいるように、テレビゲームにも射幸心をあおるような強い演出をしたものはたくさんあります。それらはもともと大人をゲームに夢中にさせて、たくさんお金を使ってもらうように作られていますから、そんなものを刺激に慣れていない子どもが触ればイチコロですよね。コンピュータに良いも悪いもないのです。ただ、効果がとても大きいので良いものはとても良くなる反面、悪いものはとんでもなく悪いのです。すべてそれを作った人次第です。

　「良いものか悪いものかの区別が自分ではつかないから、できるだけ触れさせたくない」ということもわかりますが、機械に任せっきりにせず、お子さんと一緒にあそびながら、お子さんの変化にいつも注意していれば、そう怖いことは起きないと思います。

音を鳴らそう

ビスケットで音を出す機能を使おう。ビスケットだとリズムも和音もかんたんにためせるよ。ここで紹介しているあそび方だけじゃなく、今までやったほかのあそびと組み合わせてもおもしろいね。

ひとりでつくる

- **18** リズムマシーン
- **19** オリジナルけんばん楽器
- **20** オルゴール

18 リズムマシーン

難易度 🍬🍬🍬🍬🍬
対象 6歳以上
モード ひとりでつくる

テーマ●くり返して音を鳴らす

こんなかんじ

プログラミングと音楽はとても相性がいいんだ。プログラムは同じことを何度でもくり返すから、音を出す命令をメガネに入れると、リズムになるよ。オリジナルのリズムマシーンを作って、お気に入りのリズムを探してみよう！

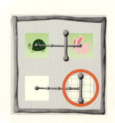 この章（**18**から**20**）であそぶときは、方眼紙設定を一番大きくして作ってね

> **保護者の方へ** まずは基本的なところで、繰り返しパターンを演奏させるプログラムです。メガネを変えると4拍子だけでなく、5拍子や7拍子といった変わった拍子もかんたんに実験できます。これは、市販のシーケンサーアプリでは、なかなかできない実験です。こんなところにも「プログラミングで学ぶ」形が表れています。

5 音を鳴らそう

1から4の数字を描いて、ステージに1を1つ置こう。

1から4までをくり返すプログラムを作るよ。メガネは4つだね。4から1にもどるメガネも忘れないでね。

ステージの数字を数えてみよう。
1・2・3・4、1・2・3・4…
これで4拍子のできあがり！

「音を鳴らす」命令には、音符マーク♪を使うよ。

音符マークは
メガネの右側に
入れて使うんだ！

「1が2に変わる」メガネの右側に♪を入れてみよう。絵が1から2に変わるときに音が鳴るよ。

ほかのメガネにも音を入れてみよう。音を入れないメガネがあってもいいね。いろんな音を入れて実験してみよう！

音はランダムに
取り出せるよ。一度
メガネ置き場に置いて、
鳴らしてみてから、
音を選んで
メガネに入れよう

タッチすると
音が鳴る

ためしてみよう！

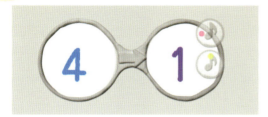

同時に音を鳴らしてみよう

1つのメガネにいくつも音を入れると同時に音が鳴るよ。

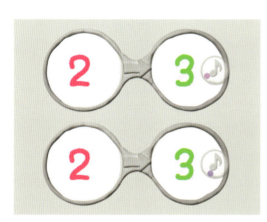

ときどきちがう音を鳴らそう

「2から3に変わる」メガネを2つ作り、ちがう音を入れてみよう。ときどきちがう音が鳴っておもしろいね。

おもしろいリズムだ♪

いろんな拍子を作ってみよう

絵とメガネの数を増やしてみよう。変わったリズムが作れるね！

ためしてみよう！

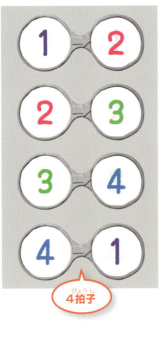

4拍子

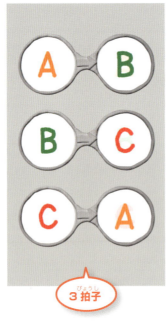

3拍子

リズムのズレを楽しむ

くり返しの数が4つのものと、3つのものをいっしょに鳴らしてみよう。リズムがずれていくのがおもしろいよ。

音のひみつ

ド　ド#　レ　レ#　ミ　ファ　ファ#　ソ　ソ#　ラ　ラ#　シ　ド

音符マークのまわりの色まるで、なんの音かわかるよ。音を半音階で変えるには、絵を回転させたのと同じように操作するんだ。 を押してマークを2本指で回転させると、色まるが変わり半音階ずつ変化していくよ。

遅い　速い

リズムの速さも変えられるぞ。設定画面でためしてみよう。

112

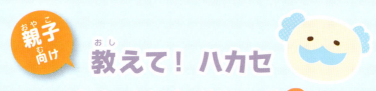

教えて！ハカセ
ビスケットとプログラミング ①

　ビスケットは、ほかのプログラミング言語といろいろとちがいます。どこがちがうのか解説しましょう。

　プログラミングとは、人間がコンピュータにやってほしいことをプログラミング言語で書くことです。プログラミング言語は人間とコンピュータの橋わたしをしますから、人間とコンピュータの両方にわかるように書かれています。

　コンピュータが遅かったころは、とにかく動くことが重要だったので、人間にとってわかりやすい書き方よりも、コンピュータでの動かしやすさが優先されました。人間がコンピュータに合わせたのです。ところが、コンピュータが高性能になってくると、コンピュータにとっては面倒だけど人間にとってわかりやすい書き方でもよくなります。コンピュータが人間に合わせるのです。人間にわかりやすい書き方をして、それをちゃんとコンピュータの上で動かす方法、その1つがビスケットです。

　ビスケットのプログラムはメガネで書きます。メガネの一番単純な機能「絵を動かす」のはどうやっているのでしょうか。本当のコンピュータは数値で動いていますから、絵を動かすためには「右に23ドット、上に14ドット動け」のように動くための具体的な数値を指定して命令する必要があります。人間にはわかりやすくはありませんね。

　それに対して、ビスケットではメガネの左と右の絵のずらし方で動く方向や速度を決めています。人間がメガネを作ると、ビスケットはまずメガネの左と右の絵を比べて、絵がどの方向にどれだけずれているかを計算します。その結果、たとえば「右に23ドット、上に14ドットずれている」ということがわかると、その数値を使って、絵に動け、という命令をすることができます。

　コンピュータにとっては、メガネから動く方向や速さを計算しなければならないので、面倒になりましたが、その分人間は数値を指定しなくてよいので楽になりました。

　このように、ややこしいことはコンピュータがやってもらえるようになると、人間はややこしいことを覚える必要はなくなり、もっと大切なこと、コンピュータに何をさせるか、ということに集中できるようになるのです。

19 オリジナルけんばん楽器

テーマ●タッチで音を鳴らす

難易度
対象 10歳以上
モード ひとりでつくる

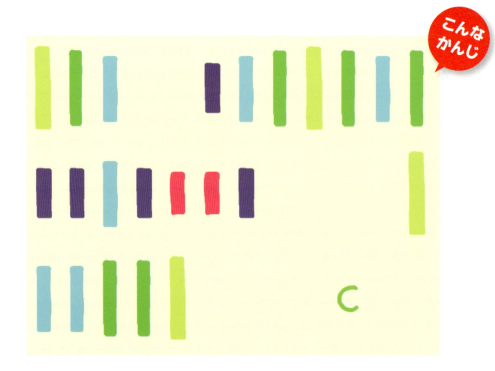

こんなかんじ

ピアノのようなけんばん楽器をビスケットでも作ることができるよ。けんばんを自分の好きなようにならべることができるから、曲を演奏するのに便利な楽器を作っちゃおう。

みんなのきもちいいメロディをならべて作曲してみよう♪

音を鳴らそう

> **保護者の方へ**
> 「さわったら」を組み合わせて楽器を作ります。タッチの反応が鈍いので、本当の楽器と呼ぶにはちょっと苦しいかもしれませんが、かんたんに鍵盤をならべかえて好きな楽器が作れるのは画期的ですよね。67ページの「さわったら」は外部の情報をプログラムに取り込む「センサー」ですが、「音マーク」はプログラムからスピーカーなどの外部機器を制御する仕組みの一種になります。ビスケットでは、センサーはメガネの左側に、制御はメガネの右側にだけ入れることができます。

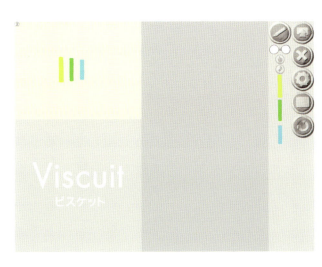

黄色・緑・水色のけんばんを描いて、ステージにならべるよ。

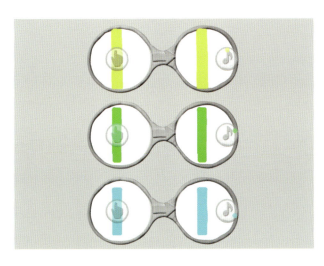

「けんばんをさわると、音が出る」メガネを作ろう。音はけんばんと同じ色をさがして入れよう。黄色はド、緑色はレ、水色はミだよ。

同じ場所に置こう！

よくあるまちがい

✗ メガネの中のけんばんがずれて、さわるたびにけんばんが動く

ド、レ、ミのけんばんのできあがりだよ。あそぶ画面でさわってみよう。

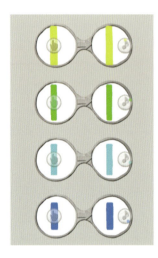
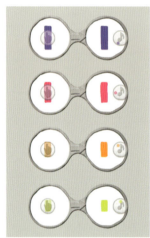

ほかの音のけんばんも作ろう。ファから上のドまで音を準備して、全部で8つのけんばんを作ってならべると…

ドから上のドまでの1オクターブのけんばん楽器ができたね！

けんばんをさわっていろんな音を鳴らしてみよう。同時にさわると和音になるよ！

これは「チューリップ（さいたさいた）」を演奏するために作った楽器だよ

曲が演奏しやすいように、けんばんをならべかえてみよう。同じ音のけんばんが何回出てきてもだいじょうぶだよ。

ためしてみよう！

1つの絵をさわるだけで、和音が出るメガネを作ってみよう。

108ページで作ったリズムマシーンと組み合わせてみよう。リズムに合わせて楽器をさわって演奏してみてね。

20 オルゴール

難易度
対象 10歳以上
モード ひとりでつくる

テーマ●ぶつかって音を鳴らす

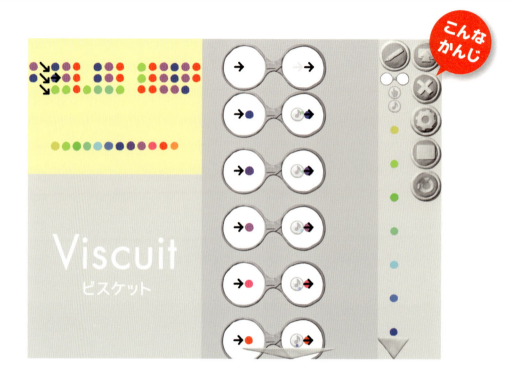

こんなかんじ

もっと長い曲を演奏させるプログラムに挑戦するよ。ポイントは「ぶつかったら」を使うこと。すてきなオルゴールを作ってみよう！

いろんなワザを使って長い曲のオルゴールに挑戦するよ！

> **保護者の方へ** 長い曲を演奏できるオルゴールです。プログラムを一度作ってしまうと、あそびの中心は音符をどのようにならべて曲を作るか、ということに移っていきます。音符のならびはデータではなく音を鳴らす命令にも見えるので、これはビスケットの上にオルゴール言語を作ったという解釈ができます。オルゴール言語のプログラミングであそんでいるのです。また、最後の「？」を使った例は、作曲マシーンの領域に踏み込んでいます。ここではランダムに音を鳴らしているだけですが、「？」と音符を混ぜて使うとランダムさをコントロールでき、奥が深いです。

5 音を鳴らそう

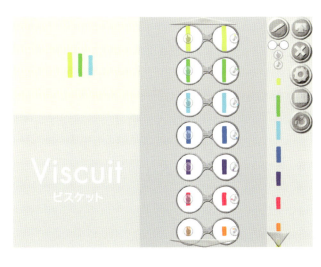

みんな、114ページのけんばん楽器は作ったかな？ このけんばん楽器の続きから作るよ。まだの人はまず、けんばん楽器を作ってみてね。

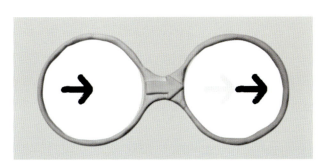

横向きの矢印を描いて、矢印は横に進むように動かそう。

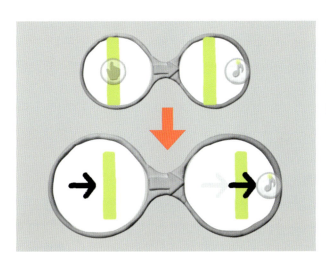

けんばん楽器の「けんばんをさわると音が鳴る」メガネを、「けんばんと矢印がぶつかったら音が鳴る」メガネに改造しよう。

119

よくあるまちがい

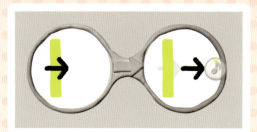 

✗ **音が遅れて聞こえる**

これでも音は鳴るね。でも、これだと矢印がぶつかったときではなく、ぶつかって通りすぎるときに音が鳴るメガネだから、音が遅れて聞こえちゃうよ。

✗ **音が鳴らない**

矢印がぶつかる位置に注意しよう。矢印が下にずれているのでうまくぶつからないよ。

矢印を置いて、演奏させてみよう。
けんばんをならべかえて、いろいろなメロディを鳴らしてみよう！

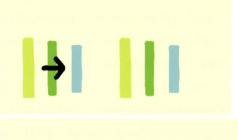

ループ設定で画面をつなげるとずっと音が鳴るよ

ためしてみよう！

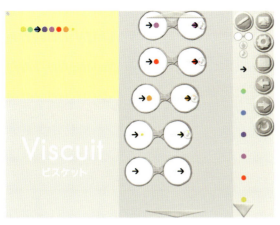

長い曲を作ってみよう

小さい方眼紙を使って、小さいボールの絵で挑戦してみよう。音がいっぱい置けるので、長い曲を作れるよ！

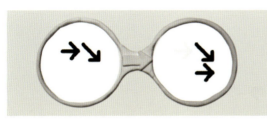

矢印を次の行に進めるには、下の行に移動させるしかけがあるといいよ。ななめの矢印を描いて、「ぶつかったらななめ下に移動する」メガネを作るよ。

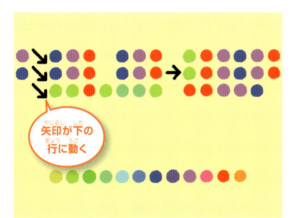

音が休みのところにななめの矢印を置くと、下の行に矢印が動くので、メロディを続けられるよ。

矢印が下の行に動く

曲のならびを縦にそろえるために、矢印をななめに移動させているのじゃ。真下に移動させると、少し遅れるからのう

ためしてみよう！

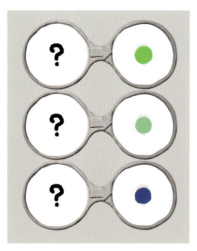

ビスケットに音を選んでもらおう

「？」からいろんな色のボールに変わるメガネを作って、ステージに「？」をならべてみよう。リズムは同じだけど毎回ちがう曲を鳴らすことができるよ。

ランダムで音が選ばれるんだ！

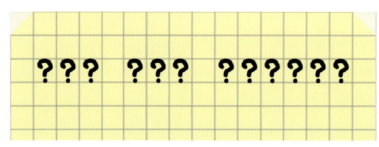

方眼紙のひみつ

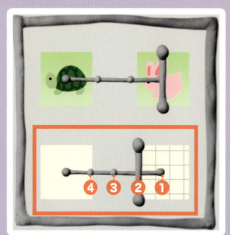

方眼紙の大きさは4段階あるよ。縦と横のマスの数はオルゴールで使いやすいような数になっているよ。

	横	縦
❶ 大きい	12	9
❷	16	12
❸	24	18
❹ 小さい	32	24

落ちゲーを作ろう

複雑にメガネが組み合わさったプログラムに挑戦してみよう。1つ1つ動作を確認しながら作っていけばだれでも動かすことができるから、安心して、じっくり作ってみてね。

- **21** ボールくずし
- **22** ボールくずしの得点計算

21 ボールくずし

テーマ ● ボールをタッチで消すゲーム

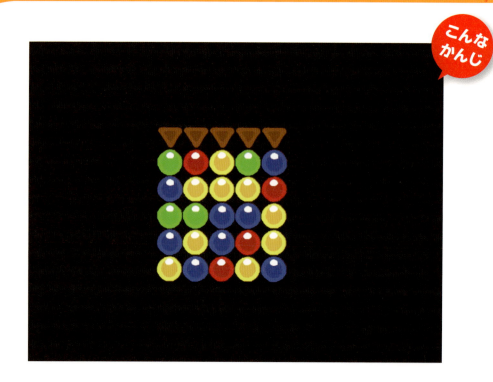

こんなかんじ

い よいよ本格的なゲームに挑戦するよ！ アイディア次第でおもしろいゲームが作れるから工夫してみてね。

1つ1つはかんたんなメガネだけど、組み合わせることで複雑な動きが作れるぞ

6 落ちゲーを作ろう

> **保護者の方へ** ビスケットは、このようなパズルを作るのに本当に向いていますね。他の言語では、こんなにかんたんに作ることはできません。作るのがかんたんということは、改良もかんたんだし、他の人が作ったゲームのルールを理解するのもかんたんです。あそびながらいろいろなアイディアを盛り込んでいってください。

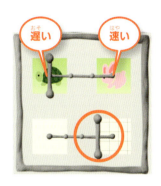

はじめに、⚙で方眼紙の設定をするよ。マスの設定を右から2番目にしよう。また、作っているときはゆっくり動かして、完成したら動きを速くすると作りやすいよ。

下向き三角、空白、赤いボールの絵を描いて、ステージに、下向き三角と空白5つをならべよう。

空白は1マス分で
うすい色で描こう！
ここでは見やすい
ようにフチを
つけたよ

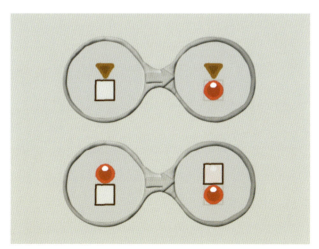

「三角の下に空白があれば、空白が赤いボールに変わる」メガネと「赤いボールの下に空白があれば、ボールと空白が入れ変わる」メガネを作るよ。

125

矢印からボールが出てきて、空白を全部うめるよ。

上からボールが落ちてきた！

どうしてうごかないの？

✗ ボールが落ちないで空白が上に上がってしまう

✗ 空白とボールが重なっている

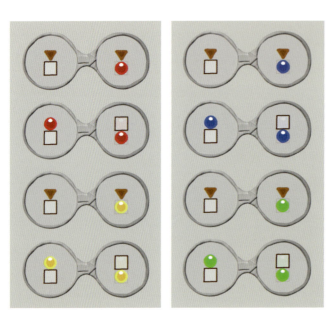

青・緑・黄色のボールを描いて、それぞれメガネも作ろう。

4色のボールだとメガネは8つだね

4色のボールが三角からランダムに出てくるね。ステージの画面をさわると何回でもやりなおせるよ。

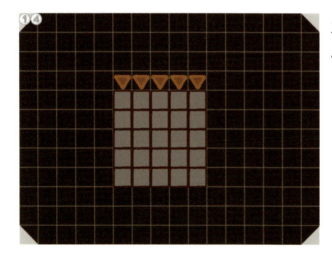

ステージのゲーム盤を横に広げよう。

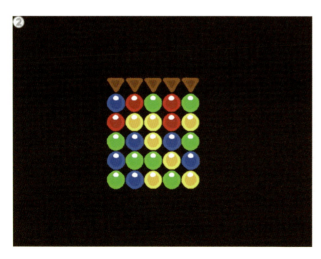

三角から出てくるボールの色はランダムに選ばれるから、毎回ちがうパターンでボールをならべることができるよ。

ほんとだ！
出てくるボールの色が
いつもちがうね

よくあるまちがい

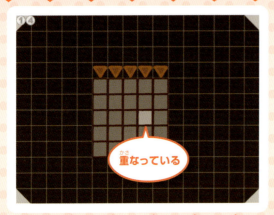

✗ 同じ場所に空白が重なっていると、そこにボールが重なってしまう

うすい色だから、重なっているのがわかりやすいね！

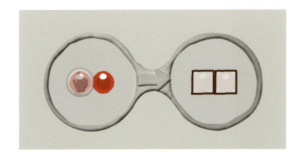

次は、ボールを消す方法を考えるよ。たとえばこれは「2つならんだ赤いボールの左のボールをさわるとボールが消える」メガネだよ。

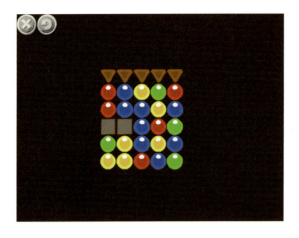

あそぶ画面にして、ボールを消してみよう。消えたところにつぎつぎと上からボールがうまっていくね。

消すときに空白に置きかえているので、そこに新しくボールが落ちてくるのじゃ

ためしてみよう！

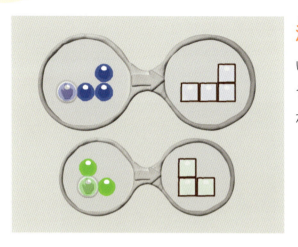

消せる形を工夫してみよう

いろんな形で消せるようにしてみよう。複雑な形だとめったに消せないから、むずかしくなるよ。

ボールを入れかえてみよう

色がちがうボールを入れかえるメガネを作れば、たくさん消せるようになるね。

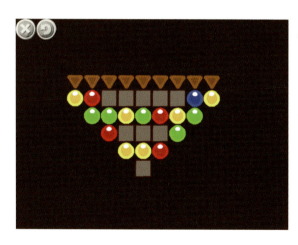

ゲーム盤の形を変えてみよう

ボールがならぶ形を変えてもむずかしさが変わるよ。ほどほどにむずかしい消し方を考えよう。おもしろいゲームになるよ！

いろんな形をためしてみてね！

22 ボールくずしの得点計算

テーマ●ゲームの点数を計算する

ビスケットはコンピュータなのに数の計算ができないんだ。でも、メガネを工夫すればゲームの得点を計算できるようになるよ！

うわー！
一気にコンピュータっぽくなってきたね

> **保護者の方へ** ビスケットは、数の計算ができないので絵の置き方で数を表現しています。単純に絵の個数で数を表す、桁を導入する、2進法にするなど、いろいろな数の表現方法を紹介しています。何気なく使っている数の表現ですが、自分で作ろうと思うと、きちんと考えなければなりません。考えることで数学的な理解も深まります。もしビスケットで数の計算ができていたら、このようなプログラムを作ろうとは思わなかったでしょうね。

6 落ちゲーを作ろう

124ページのボールくずしは作ったかな？　このボールくずしの続きから作るよ。まだの人はまずボールくずしを作ってね。

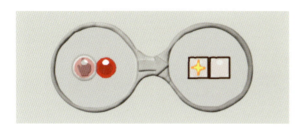

爆発の絵を描いて「ボールが消える」メガネの右側の空白と同じ場所に、その絵を1つ入れよう。

爆発は横に動かすよ。

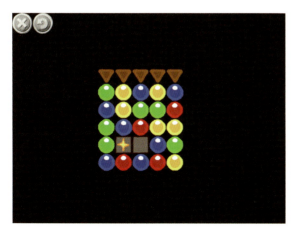

ボールを消すと爆発が横に進むね。

たくさん消すと、たくさん出てくる！

131

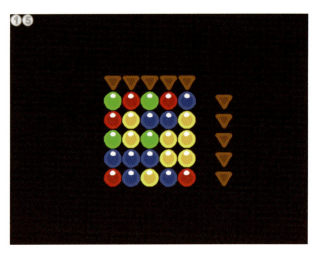

三角をゲーム盤の右に、縦にならべよう。

「三角と爆発が重なると爆発は下に進む」メガネを作ろう。これで、爆発を画面の右下に連れてこれるよ。

半透明の色で点数の星を描くよ。

ここも うすい色を 使うんだね

横棒の絵を描いて「爆発が横棒に重なったら、点数に変わる」メガネを作るよ。横棒はそのままだよ。

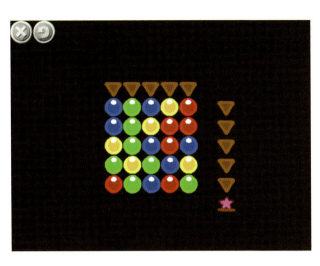

右に縦にならべた三角の下に横棒を置こう。連れてこられた爆発が、点数に変わるね。

爆発が星に変わった！

点数は同じ場所にどんどん重なるので、「点数が2つ重なったら、1つは左にずれる」メガネを作ろう。

たとえば3点とると、点数が3つ横にならぶね。

落ちゲーを作ろう 6

高得点を作ろう

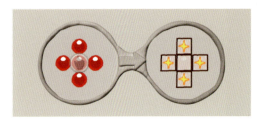

むずかしい形で消したら、高得点にしたいよね。そんなときは、爆発を2つ以上置こう。出てきた爆発の数だけ点数になるよ。

大きな得点を数えられるようにしてみよう

「点数が5つならんだら、全部消して下に点数が1つ作られる」メガネ。下の列にならんだ点数は5倍だよ。これで少し大きな得点が数えられるね。

もっと大きな得点を数えられるようにしてみよう

「点数が2つ重なったら、横に1つできる」メガネ。2倍ごとに点数が長くなるので、もっと大きな得点が数えられるよ。

2倍ずつ桁が増える得点の数え方は2進法と呼ばれる数の表し方なんじゃ。コンピュータの中ではこの2進法が使われているのじゃよ。

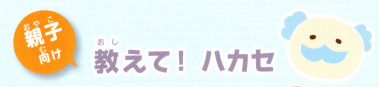

教えて！ハカセ
ビスケットとプログラミング ❷

　プログラミングって、命令を順番にならべることだと思っていませんか？　プログラムを走らせる前に命令が正しくならんでいることを考えるのは人間にはむずかしくまちがえやすいことです。これをコンピュータにやらせようとしたのがビスケットです。ビスケットでは命令の順番は指定しません。その代わり、どういうときにどうしてほしいかということだけ書きます。雨が降ってきたら窓を閉める。日が落ちたらカーテンを閉める。部屋が暑ければ窓を開ける。窓を開けたり閉めたりする順番は関係ありません。

　多くのプログラミング言語には「もし」や「くり返す」という命令があります。ビスケットは一番外側に（見えないけれども）「ずっとくり返す」という命令があって、その内側に「もし」がたくさんならんでいる（メガネのことです）、という形だけでプログラムを作ります。

　このゲームでビスケットではかんたんだった「ボールが落ちる」ところを、命令を順番に呼び出すプログラミング言語ではどうなるか考えてみましょう。最初に、ボールが生成されて、そのボールが落ちて、また次のボールが生成され、それが落ち、ボールが全部うまったら落ちるのが止まって、ボールが生成されなくなります。それから、ボールのならびを消したとき、すきまができるので、そこにまた上からボールが落ちてきて、消えた数だけボールが生成されます。ボールの消し方もいろんな形があるので、それぞれどこのボールを落として、どこにいくつボールを生成するかを、考えなければなりません。ボールが落ちるという命令はいろいろな呼び出し方をされています。もし、ボールが落ちる命令の呼び出しをまちがうと、2つのボールが重なったり、すきまがうまらなかったり、というバグ（欠陥）になります。命令を順番に呼び出すプログラミングはわかりにくくまちがえる可能性が高いのです。

　それに対して、ビスケットでは「ボールの下に空白があればボールは下に落ちて上が空白になる」というメガネだけで、ボールが落ちることを表現しています。いつボールが落ちて、いつボールは落ちないかということは何も指定していません。空白が、ゲームの開始のときからある空白なのか、下にあるボールが落ちたことで新たにできた空白なのか、ボールを消したときにできた空白なのか、関係ありません。何が原因であろうと、ボールの下に空白があれば落ちるのです。

　ビスケットのプログラミングでは、やってほしいことをメガネで作るだけでよく、どの順番に命令を実行するかはビスケットが自動的に考えてくれます。その分、プログラムはかんたんになり、まちがいも少なくなり、改良もしやすくなります。

この本を読んでくれたみなさんへ

ビスケットでのプログラミングはどうでしたか？

むずかしいと思った人。メガネで絵を動かすなんて、ふだんの生活では使わない方法ですからむずかしいのは当然です。
コンピュータはあなたが作ったメガネの通りにしか動きません。コンピュータのすばらしいところは、いつまでも待っててくれて、文句も言わずずっと付き合ってくれるということです。何度もまちがえたとしても、あせらずにじっくりやればきっとあなたの思い通りに動かすことができるようになるでしょう。スポーツが苦手、楽器の演奏が苦手という人はいるかもしれませんが、時間をかけてもよければプログラミングが苦手という人はいないはずなのです。

かんたんだなと思った人。ここで紹介したあそび方はビスケットのほんの一部です。ビスケットを作ってから14年も経ちましたが、いまだに新しいあそび方を発見しています。これからもまだまだたくさんの発見をすることでしょう。かんたんすぎたという人は、ぜひ新しいあそびを発見するお手伝いをしてください。ぼくが驚くような発明を待っています。

プログラミングの仕事をしてみたいなと思いましたか？ どうもありがとう。そんなあなたには1つお願いがあります。それはコンピュータ以外のいろんなことにも興味をもってもらいたいということです。プログラミングで新しいものを作るというのは楽しい反面、とても苦しいことでもあるのです。自分がもっているものを絞り出さないと新しいものは作れません。新しいものという答えはコンピュータの中にありません。あなたが経験したすべてのことが新しいものへのヒントになります。将来あなたがプログラミングの世界で活躍できるかどうかは、あなたのいろんな興味や経験の多さ・深さにかかっているということです。

では、みなさんが大人になるのを楽しみに待っていますよ。

おわりに──保護者の方へ

　この本を手に取っていただき、どうもありがとうございました。どんなに子ども達に伝えたいメッセージがあっても、それが伝わるかは、子ども達の周囲の大人が決めてしまいます。ですからこの感謝は子ども達の未来からの感謝でもある、と私は信じています。

　次は皆さんの番です。世の中は、子どもに対するプログラミング教育がブームですが、私は市民に対するプログラミング教育にまで広がらなければいけないと考えています。大人の皆さんにも少しでも興味を持っていただけるように、コラムではコンピュータサイエンスとのつながりについて触れるようにしました。

　今のコンピュータは、作る側と使う側とに明確に分かれています。しかし、本当に文化的に豊かな情報化社会の実現のためには、その壁がなくならなければなりません。よく、美味しい料理のルーツが「○○地方の家庭料理」だったりしますが、アイディアの起源は企業側ではなく市民側であることも重要なのです。使う側の素朴な発想がコンピュータを大きく進化させます。

　私は研究者ですから、普通の人の生活の中にプログラミングが溶け込んでいく、という未来を夢見ています。たとえば、ビスケットのプログラムは作るのがかんたんなだけでなく、他人が書いたプログラムを読んで理解することもかんたんです。電化製品などの説明書もビスケットのようなメガネで書かれていたら、もっと読みやすくなるかもしれません。オリジナルけんばん楽器（114ページ）でやったような自分に使いやすくなるような改造が、電化製品にもできるかもしれません。そしてどのように改造したのかも、メガネを見れば一目瞭然です。

　私が想像できる、生活の中にプログラミングが入ってくるシナリオはまだこの程度で貧弱ですが、きっともっと画期的な変化が起こるはずです。今までは商品を買ってきてそれに生活を合わせていました（もしくは生活に一番近い商品を探していました）が、これからは自分でプログラミングをして、自分の生活にぴったり合う一点ものの商品を作ることができる時代になるのです。

　そんな未来が本当に来るかどうかは別として、子どもだけにこんな楽しいものを与えているのはもったいないと思いませんか？　大人なりの都合も色々とあるでしょうから、子どもが寝静まった夜にこっそり予習して楽しんでいただけたらと思います。コンピュータは大人にも対等に優しく接してくれるはずです。

　ビスケットの状況もどんどん変化しますから、最新情報はビスケットのブログや公式サイトなどを参考になさってください。

計算機科学者／ビスケット開発者
原田康徳

📖 この本を書いた人たち

原田 康徳（はらだ やすのり）
合同会社デジタルポケット代表／計算機科学者／ビスケット開発者／ワークショップデザイナー

北海道生まれ。粘土と電子ブロックであそぶ子どもでした。中学ではトランペットを吹いて、音楽家を夢見た時期もありました。でも電気の勉強をしたくて旭川高専電気工学科に入り、16歳から寮生活をしました。そこでコンピュータに出会い、もっと勉強をしたくなって北海道大学応用物理学科に編入学したあと、コンピュータの研究をして博士になりました。NTTの研究所でプログラミング言語を新しく作ったりしている中で、ビスケットを発明しました。ビスケットをよりよくするために、美術や教え方の勉強をして、いまはビスケットを作ったり普及させたりする会社を運営しています。

渡辺 勇士（わたなべ たけし）
合同会社デジタルポケット チーフファシリテーター／ワークショップデザイナー

東京都生まれ。僕は小学校低学年のときは漫画が大好きで、3年生くらいから中学校1、2年生まではファミコンばっかりやってました。大学は明治大学で、商業の勉強をしました。卒業したあと、繊維の商社、Yシャツの卸問屋、眼鏡店、非営利教育団体で働くかたわらで、文章とか演劇とか音楽とかで自分らしく表現することの大事さを知りました。その後、もっといろんなことが学びたくて青山学院大学大学院に入学し、そこでビスケットと出会いました。ビスケットは、楽しく自分を表現できるプログラミングツールです。いまはプログラミングがもっと知りたくて勉強中です。

井上 愉可里（いのうえ ゆかり）
合同会社デジタルポケット デザイナー・ファシリテーター／ワークショップデザイナー

熊本県生まれ。佐賀で育ち、8歳からは横浜で過ごしました。小さい頃は、絵を描いたり折り紙やあやとりなどで遊んでいました。本や映画なども好きで、特に宮崎駿さんが作る物語に憧れて、自分でも作りたいと思うようになりました。武蔵野美術大学で空間演出デザインを学び、卒業後は地域新聞の制作を経て、グラフィックデザイナーとしてデザイン事務所に10年勤めました。最近は子どものための創造や表現の場作りに興味を持ち、ワークショップの勉強と子ども向けワークショップの企画実施をしています。その中でビスケットに出会いました。ビスケットを使うことで、作ることや表現することの楽しさを伝えていきたいです。

合同会社デジタルポケット
http://www.digitalpocket.org/

前身のNPOデジタルポケット時代から、ビスケットを活用した教育コンテンツの開発・普及を行う会社です。開発者の原田が合流後は、合同会社としてビスケットの開発も一貫して行っています。最近はビスケットの指導者を育成する「ビスケットファシリテーター講習」や、大人向けにビスケットを使った「コンピュータサイエンス入門」研修などにも力を入れています。社名の由来は、ビスケットが増える歌（ふしぎなポケット）からきています。

謝辞

　これまで、「本はまだ出ないの」と何度も聞かれましたが、やっと出すことができました。遅れたのは、こだわりのモノづくりが原因です。本当はまだビスケットを拡張したい部分がありましたが、そこはあきらめてエイやっと形にしました。作っている人と普及させる人が一緒だとこうなっちゃいますよね。遅れた分、新しい応用が追加されたので、ご勘弁ください。

　ビスケットがここまでこれたのは、いろいろな方々との出会いのおかげです。この本で数々のあそびを紹介していますが、このあそび方はこの人が最初に始めました、というのがそれぞれにあります。14年前にさかのぼって全員のお名前をご紹介させていただくのは、これが最後の本みたいな感じになってしまうので、申し訳ないですがビスケットがもっと成功したときにさせてください。あえてお礼を言いたいのは、デジタルポケットの旧メンバーである、山口尚子さんと小林桂子さん。お二人の支えの積み重ねがいまに至っています。ニヤニヤしながら本を眺めてください。どうもありがとうございました。

　私はうかつなことを書きすぎるきらいがあるので、書きすぎを制止してもらうためにすばらしい方々にこの本のレビューをお願いしました。電気通信大学の久野靖先生は、実はビスケットを作るよりずっと前の会話「原田君、自分の子どもに教えるプログラミング言語はやっぱり自分で作るよね」という、とても重要な一言をいってくださった仲です。いまや超お忙しいScratchの伝道師、阿部和広さんは、実はビスケットができてすぐのときから、ビスケットをとてもよく理解くださっているお一人です。意外でしょ？　プログラミング教室TENTOを主催している竹林暁さんとは、似たような立場でいつもお互いの悩み事を打ち明ける仲です。僕の教室に通ってくださっている児童の保護者でもある笹川綿子さんは、この原稿執筆ギリギリになって出版関係のお仕事をされていることを知り、お母さんの目線でのレビューをお願いしました。みなさまのおかげでとても良い本になりました。どうもありがとうございました。

　また、すばらしい方々に推薦文を書いていただきました。夏野剛さんは一緒に若者を育てる仕事をした関係ですが、ビスケットについてもいろいろとお世話になっています。石戸奈々子さんはビスケットができてすぐくらいからのお付き合いで、本が出たら真っ先に推薦文をお願いしようと思ってました。谷花音ちゃんはテレビの番組でビスケットを触ってもらいましたが、いつも的確な反応がさすがです。松田孝先生は出会ってすぐに意気投合して一緒に戦う仲になりました。松田先生向けにアプリを作ろうかっていう勢いです。阿部和広さんにも無理を言ってお立場を超えて推薦していただき、ありがとうございました。みなさまにすばらしい推薦文をいただき、大変感謝しております。

● ビスケット公式サイト
　http://www.viscuit.com/

● 本書サポートページ
　http://develop.viscuit.com/book/asobou/

ビスケットであそぼう
園児・小学生からはじめるプログラミング

2017年3月16日　初版第1刷発行

著	合同会社デジタルポケット
	原田 康徳（はらだ やすのり）
	渡辺 勇士（わたなべ たけし）
	井上 愉可里（いのうえ ゆかり）
発行人	佐々木 幹夫
発行所	株式会社 翔泳社（http://www.shoeisha.co.jp）
印刷・製本	株式会社廣済堂

カバー・誌面デザイン／イラスト／DTP●加藤 陽子
編集●片岡 仁

©2017 DigitalPocket LLC. / Yasunori Harada / Takeshi Watanabe / Yukari Inoue

● 本書は著作権法上の保護を受けています。本書の一部または全部について、株式会社翔泳社から文書による許諾を得ずに、いかなる方法においても無断で複写、複製することは禁じられています。
● 本書へのお問い合わせについては、下記の内容をお読みください。
● 落丁・乱丁本はお取り替えいたします。03-5362-3705までご連絡ください。

ISBN978-4-7981-4305-7　Printed in Japan

本書内容に関するお問い合わせについて

本書に関するご質問、正誤表については下記のWebサイトをご参照ください。
お電話によるお問い合わせについては、原則としてお受けしておりません。

正誤表 ●http://www.shoeisha.co.jp/book/errata/
刊行物Q&A ●http://www.shoeisha.co.jp/book/qa/

インターネットをご利用でない場合は、FAXまたは郵便にて、下記にお問い合わせください。

送付先住所
〒160-0006　東京都新宿区舟町5（株）翔泳社 愛読者サービスセンター
FAX番号：03-5362-3818

ご質問に際してのご注意

本書の対象を越えるもの、記述個所を特定されないもの、また読者固有の環境に起因するご質問等にはお答えできませんので、あらかじめご了承ください。

※本書に記載されたURL等は予告なく変更される場合があります。
※本書の出版にあたっては正確な記述につとめましたが、著者や出版社などのいずれも、本書の内容に対してなんらかの保証をするものではなく、内容に基づくいかなる結果に関してもいっさいの責任を負いません。